도전
플라스틱

리지, 데이지, 마리아, 그리고 워커북스의 모든 관계자 분들께
#2분해변청소팀의 니키, 돌리, 안드레아, 아담, 알랜, 탭, 재키
그리고 #2분해변청소팀의 가족인 크리스 하인스에게
제 슈퍼영웅인 닐 햄브로우(KBT), 뎁 로저(리필 사우스 웨스트), 로웨나 버드(러쉬),
롭 톰슨(해양 재생 프로젝트), 린다 토마스(에코 디자인), 피트 코퍼(크래킹톤 크루),
그리고 전설적인 짐 스콘(ex-RNLI)께
또한 영국 다이버 해양 구조대, 콘월 바다표범 보호소, 클라이브 심, 크래킹톤 크루,
와이드마우스 대책위원회, 플라스틱 무브먼트, 오물에 반대하는 서퍼들, 플라스틱을
반대하는 노, 그리고 플라스틱과 맞서 싸우고 있는 영국의 모든 멋진 단체들과 뒤에서
놀라운 변화를 이끌어내고 있는 많은 분들께
깊은 감사를 드립니다.

KIDS FIGHT PLASTIC by Martin Dorey
Text © 2019 Martin Dorey
Illustrations © 2019 Tim Wesson
All rights reserved. No part of this book may be reproduced, transmitted, broadcast
or stored in an information retrieval system in any form or by any means, graphic,
electronic or mechanical, including photocopying, taping and recording, without
prior written permission from the publisher.

This Korean edition was published by Darun Publisher in 2025 by arrangement with Walker
Books Limited, London SE11, 5HJ through KCC(Korea Copyright Center Inc.), Seoul.
이 책은 (주)한국저작권센터(KCC)를 통한 저작권자와의 독점계약으로 도서출판 다른에서 출간되었습니다.
저작권법에 의해 한국 내에서 보호를 받는 저작물이므로 무단전재와 복제를 금합니다.

2분만에 플라스틱을 줄이는
50가지 방법

도전
플라스틱

마틴 도리 글 | 팀 웨슨 그림
허성심 옮김

다른

차례

들어가며: #2분슈퍼영웅 되기 8

첫 번째 임무: 나쁜 물질에 대해 알아보기 22

두 번째 임무: 쓰레기통 속 플라스틱과 싸우기 28

세 번째 임무: 공원의 플라스틱과 싸우기 34

네 번째 임무: 책가방 속 플라스틱과 싸우기 38

다섯 번째 임무: 점심시간에 플라스틱과 싸우기 44

여섯 번째 임무: 마트에서 플라스틱과 싸우기 50

일곱 번째 임무: 부엌에서 플라스틱과 싸우기 54

여덟 번째 임무: 정원에서 플라스틱과 싸우기 60

아홉 번째 임무: 욕실에서 플라스틱과 싸우기 64

열 번째 임무: 화장실에서 플라스틱과 싸우기 68

열한 번째 임무: 옷장 속 플라스틱과 싸우기 74

열두 번째 임무: 축구장, 테니스 코트, 육상 트랙, 운동장에서
플라스틱과 싸우기 80

열세 번째 임무: 외출했을 때 플라스틱과 싸우기 84

열네 번째 임무: 용돈으로 플라스틱과 싸우기 88

열다섯 번째 임무: 경축일에 플라스틱과 싸우기 94

열여섯 번째 임무: 플라스틱을 멀리하는 파티! 100

추가 임무: 직접 목소리 내어 플라스틱과 싸우기 106

임무 완수 108

슈퍼영웅 점수 112

여러분은 어떤 슈퍼영웅인가요? 122

플라스틱과의 싸움에 관해 더 알아보기 124

저자 마틴에 관하여 134

#2분해변청소에 관하여 135

나도
슈퍼영웅이
될 수 있을까요?

#2분 슈퍼영웅 되기

2분 정도 시간을 낼 수 있나요? 2분이면 슈퍼영웅이 되기에 충분해요. 슈퍼영웅이라고 해서 모두가 하늘을 날거나 외계 침략자로부터 지구를 구하는 게 아니랍니다. 어떤 슈퍼영웅은 몇 분밖에 걸리지 않는 간단하고 일상적인 일을 하면서 큰 변화를 일으키거든요. 그런 슈퍼영웅은 여러분이나 나처럼 평범한 사람들이에요. 우리 틈에 살면서 몰래 놀라운 일을 하고 있지요. 그리고 여러분도 슈퍼영웅이 될 수 있어요.

바다를 구하기 위해 슈퍼영웅이 필요해요

왜 슈퍼영웅이 필요한지 궁금할 거예요. 간단해요. 플라스틱과 싸우고 바다를 구하기 위해서지요.

우리가 바다를 쓰레기장처럼 사용하면서 플라스틱이 넘쳐 나도록 방치하고 있기 때문에 바다는 죽어 가고 있어요. 플라스틱 쓰레기는 바다와 그 주변에 살고 있는 동식물들을 해친답니다. 조심하지 않으면 우리도 해를 입을 거예요.

여러분 같은 슈퍼영웅이 필요해요

좋은 일이든 나쁜 일이든 여러분이 하는 모든 일은 세상에 영향을 끼친답니다. 플라스틱과 싸우는 것은 여러분이 더 나은 세상을 만들 수 있는 아주 멋진 방법이지요.

플라스틱 쓰레기를 줍는 일처럼 매일 2분 동안 할 수 있는 간단한 일을 찾아 실천해 보세요. 그러면 여러분도 슈퍼영웅이 될 수 있어요. 플라스틱과 싸우기 위해 여러분이 벌이는 아주 작은 일도 바다를 구하는 데 도움이 되어요. 세상 사람들이 이 문제에 관심을 갖게 할 수도 있답니다. 정치인과 큰 기업들은 플라스틱과의 싸움에 신경을 쓰고 있다고 말할지도 몰라요. 하지만 그들이 진짜로 무엇을 한다고 해도, 실제 행동으로 옮기기까지는 한참 걸린답니다.

언제까지 기다려야 할까요?

#2분슈퍼영웅이 된다면 당장 플라스틱을 물리칠 수 있어요.

바다를 위해 플라스틱과 싸워야 하는 이유

- 해마다 바다에 버려지는 플라스틱은 800만 톤이 넘어요.

- 바다에는 제곱마일당 4만 6,000개의 플라스틱이 떠다니고 있어요. (1제곱마일은 한 변의 길이가 1마일인 정사각형의 넓이를 말하는데, 1마일은 약 1.6킬로미터랍니다.)

- 이제 플라스틱은 빙하가 떠다니는 북극해부터 지구상에서 가장 깊은 곳인 마리아나 해구까지 지구의 바다 곳곳에서 볼 수 있어요.

- 2050년 즈음이면 바다에는 물고기 수보다 플라스틱 수가 더 많을 거라고 해요.

- 플라스틱은 생분해되지 않아요. 미생물에 의해 천연 물질로 분해되지 않는다는 말이지요. 미세 플라스틱이라 알려진 아주 작은 조각으로만 분해된답니다.

- 플라스틱은 분해될 때 기후 변화를 일으킬 수 있는 해로운 화학물질을 방출해요. 인간의 활동 때문에 지구의 기후는 점점 따뜻해지고 있어요. '지구온난화' 현상이지요.

우리가 어디에 살고 있든 바다는 정말 중요하답니다. 바다는 날씨를 조절하고 공기를 깨끗하게 만들어 줘요. 우리가 생명을 유지하려면 산소를 들이마셔야 하는데, 그 산소의 절반을 바다에서 얻고 있어요. 바다는 지구온난화를 일으키는 이산화탄소를 흡수하는 일도 하지요.

바다는 식량을 가득 품고 있는 곳이기도 해요. 해마다 약 9,000만 톤의 물고기가 잡히고 있답니다. 이처럼 식량을 공급해 주는 바다가 없다면 사람들은 굶어 죽을지도 몰라요.

바다는 많은 해양 생물의 서식지예요. 해조류와 해초뿐만 아니라 고래, 돌고래, 거북이, 수달, 바다표범, 물고기, 상어, 가오리, 플랑크톤, 바다소, 바다가재, 게, 해파리 등이 바다에 살고 있지요.

그뿐 아니라 수영과 스노클링을 하고 물장구를 치거나 파도타기를 즐길 수 있는 환상적이고 멋진 거대한 놀이터랍니다!

우리는 그런 바다를 돌봐야 해요.

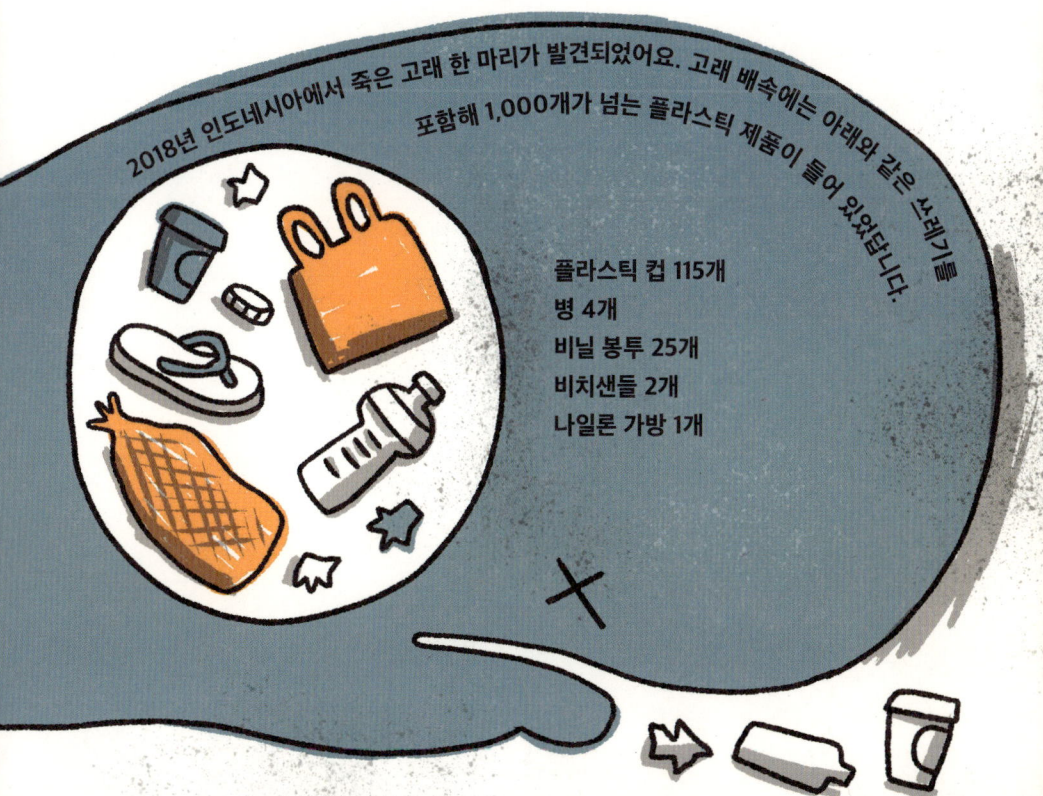

2018년 인도네시아에서 죽은 고래 한 마리가 발견되었어요. 고래 배속에는 아래와 같은 쓰레기를 포함해 1,000개가 넘는 플라스틱 제품이 들어 있었답니다.

플라스틱 컵 115개
병 4개
비닐 봉투 25개
비치샌들 2개
나일론 가방 1개

야생동물을 위해 싸워야 하는 이유

> **믿기 어려운 사실**
> 바닷새 가운데 최대 90퍼센트의 배 속에 플라스틱이 들어 있다는 사실이 밝혀졌어요.

- 해마다 고래, 돌고래, 바다거북 등 바다 포유동물 10만 마리와 바닷새 100만 마리가 플라스틱을 삼키거나 플라스틱에 걸려 죽는 것으로 추정되고 있어요.

- 바다에서 분실되는 플라스틱 낚시 도구 때문에 매년 수천 마리의 물고기와 동물이 목숨을 잃고 있어요.

- '조류'(algae)라고 하는 아주 작은 바다 생물은 바다에 버려진 플라스틱에 달라붙어서 자란답니다. 조류는 화학물질을 방출하기 때문에 새들이 플라스틱을 먹이로 착각하게 되어요. 새들이 플라스틱을 먹으면 소화를 시킬 수 없어서 결국 배고파 죽게 된답니다.

- 물고기들은 작은 플라스틱 조각을 먹이로 착각해서 먹다가 굶어 죽게 되어요. 우리가 물고기를 먹는다면 결국 우리도 물고기의 배 속에 있는 플라스틱을 먹게 되겠지요.

- 플라스틱에는 바닷물 속 '잔류성 유기오염물질'(Persistent Organic Pollutants)이 달라붙기 쉬워요. 이 화학물질은 플라스틱에 차곡차곡 쌓이며 점점 해로워진답니다. 잔류성 유기오염물질은 먹이사슬을 따라 생물 축적이 일어날 수 있어요. 큰 물고기가 작은 물고기를 잡아먹는다면 그 안에 있던 독성 물질도 함께 먹게 된다는 말이지요. 그 물고기가 더 큰 물고기에게 잡아먹히면 독성 물질도 그대로 전달된답니다! 먹이사슬을 통해 인간의 몸속에 들어올 수도 있어요.

평범한 슈퍼영웅

이름: 캡틴 플리퍼

직업: 바다표범

슈퍼파워: 숨을 참고 30분간 바닷속으로 잠수할 수 있어요.

플라스틱과 싸우는 방법: 9미터짜리 그물에 걸렸다가 살아났답니다.

중요한 한마디: 여러분이 줍는 플라스틱 조각 하나하나가 동물들에게 도움이 될 수 있어요.

싫어하는 것: 바다의 플라스틱

좋아하는 것: '콘월 바다표범 보호소'(Cornish Seal Sanctuary)에 구조되는 것

캡틴 플리퍼

평범한 슈퍼영웅을 만나 봐요

아직 체념하지 마세요! 슈퍼영웅은 우리 중에 있답니다. 단 번쩍거리는 옷을 입거나 방송 프로그램에 출연하지는 않아요. 많은 슈퍼영웅은 플라스틱과 싸우는 것이 옳다고 믿기 때문에 싸우고 있답니다. 캡틴 플리퍼처럼 생존을 위해 플라스틱과 싸우는 슈퍼영웅도 있어요. 이 책에서 여러분은 평범한 슈퍼영웅을 더 많이 만나 볼 거예요. 그들을 보며 여러분도 슈퍼영웅이 될 수 있으면 좋겠어요.

마틴과 #2분임무

나는 마틴이라고 해요. 여러분이 #2분슈퍼영웅이 되도록 훈련시킬 거예요. 나는 쓰레기가 정말 싫어요. 플라스틱 쓰레기는 더욱 그렇고요. 다행히 우리 주변에는 플라스틱을 물리칠 수 있는 방법이 많아요.

나는 해안가 마을에 살고 있어요. 그런데 밀물이 들 때마다 쓰레기가 해변 위로 올라와요. 폭풍우가 지나간 해변을 보면 가슴이 찢어질 것 같아요. 나는 해변으로 가서 쓰레기를 줍지만 그것만으로는 충분하지 않다는 것을 잘 알고 있어요. 그래서 여러분의 도움이 필요하답니다.

여러분이 플라스틱을 많이 물리칠수록 우리 마을 해변뿐만 아니라 세계 곳곳 해변과 바다에 큰 도움이 되어요. 어디에 살고 있든 우리는 강, 수로, 하수구, 배수관을 통해 바다와 연결되어 있답니다. 플라스틱이 바다로 흘러 들어가는 것을 막을 수 있다면 플라스틱 쓰레기로 해변이 더러워지는 것도 막을 수 있을 거예요.

#2분해변청소

2013년 나는 우리 동네 해변 쓰레기를 처리해 보기로 결심했어요. 우선 재빨리 쓰레기를 주워 사진을 찍은 다음 #2분해변청소(#2minute-beachclean)라는 해시태그를 달고 인터넷에 사진을 올렸어요. 누군가 그것을 보고 같은 일을 해주기를 바라면서 말이죠.

놀랍게도 내 바람대로 되었어요. 2019년 봄까지 쓰레기를 줍는 전 세계 사람들 사진 12만 장 이상이 '인스타그램'에 게시되었답니다.

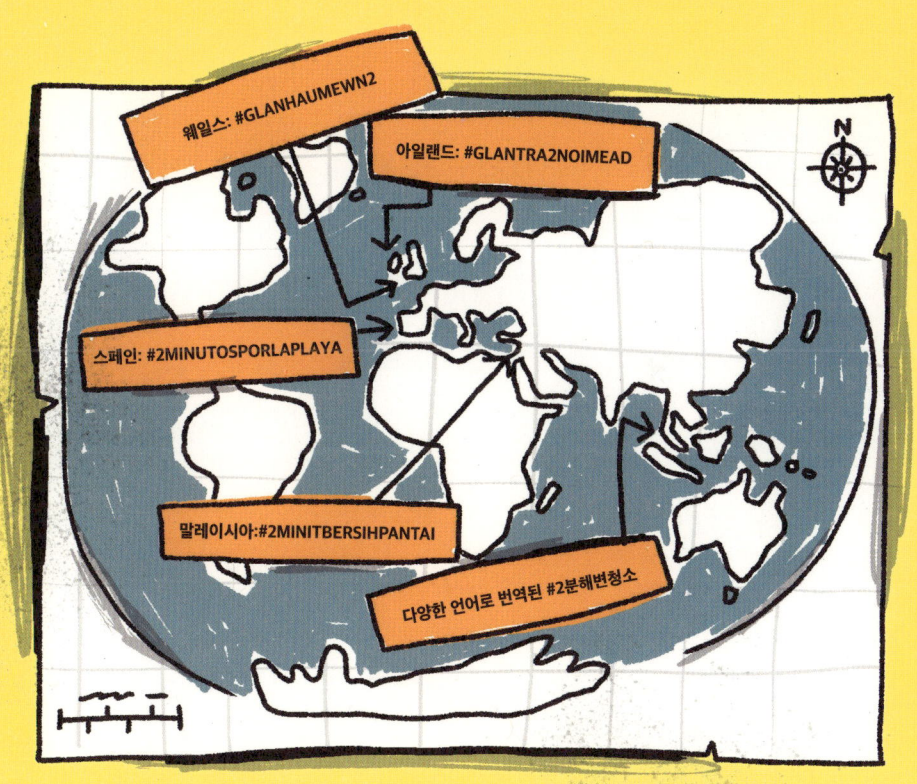

플라스틱 분석: #2분해변청소를 한 번 할 때 수거되는 쓰레기는 2킬로그램 정도 된답니다. 2013년부터 지금까지 적어도 240톤은 주웠다는 말이에요.

이 책은 이렇게 활용하세요

- 이 책은 여러 가지 임무를 각 장에 나눠 소개하고 있어요. 각 장에서는 플라스틱을 물리칠 수 있는 생활 영역과 싸움 방법을 알려 주고 그것이 중요한 이유에 대해 다룬답니다.

- 각 장에 여러분이 완수했으면 하는 여러 개의 2분 임무가 제시되어 있어요. 2분 임무를 성공적으로 마치면 슈퍼영웅 점수를 얻게 되지요.

- 어떤 임무는 어렵지만 그만큼 높은 점수를 받게 되어요. 도와줄 어른이 필요할지도 몰라요. 하지만 꽤 쉬운 임무도 있답니다!

- 각 임무를 완수한 뒤에는 몇 점 얻었는지 기록해 보세요.

- 이 책의 마지막 페이지에 이르면 슈퍼영웅이 되기 위한 훈련이 끝난 거예요. 그때 최종 점수를 계산할 수 있어요. 점수를 기준으로 여러분의 슈퍼영웅 등급이 정해질 거예요.

여러분은 어떤 등급의 #2분슈퍼영웅이 될까요?

슈퍼영웅 통계: 슈퍼영웅 10명 중 9명이 자신이 슈퍼영웅이라는 것을 모른대요.

활동 준비되었나요?

첫 번째 임무를 시작하기 전에 다음과 같은 약속을 해 줬으면 좋겠어요.

나는 바다를 위해
헌신할 것을
엄숙히 다짐합니다.

일상 속 행동을 통해 바다를 돌보고
매일 2분씩 시간을 내서 플라스틱과
싸우겠습니다.

훈련 승인

#2분해변청소 설립자

#2분 슈퍼영웅이 지켜야 할 규칙

여러분이라면 충분히 플라스틱과 싸울 수 있어요. 어떤 때는 누군가 버린 쓰레기를 주워야 할 거예요. 끔찍하지만 반드시 해야만 하는 일이랍니다! 안전을 지키기 위해 꼭 따라야 할 규칙을 소개할게요.

깨진 유리나 바늘을 발견하면 어른에게 보이세요. 직접 줍는 것은 안 되어요.

수상쩍은 물건은 절대 만지지 마세요.

항상 어른과 함께 가고 알맞은 복장을 착용하세요.

어두운 곳이나 복잡한 거리에서는 꼭 형광 조끼를 입으세요.

여러분의 임무가
지금 시작됩니다

첫 번째 임무
나쁜 물질에 대해 알아보기

나쁜 물질에 대한 공부로 훈련을 시작할게요. 첫 번째 임무는 플라스틱, 그것도 한 번만 사용하고 버리는 일회용 플라스틱에 대해 알아보는 거예요. 일회용 플라스틱은 우리가 물리쳐야 하는 나쁜 물질이랍니다. 반대로 좋은 물질은 장남감이나 도구, 생명을 구하는 의료 장비를 만드는 거예요. 이 경우 한 번 만들어진 물건들은 오랫동안 사용되지요.

플라스틱의 역사

플라스틱은 이런저런 형태로 오래전부터 존재했어요. 어떤 모양으로도 변형할 수 있어서 컴퓨터, 전선, 장난감, 의료 장비에 이르기까지 별의별 물건을 만드는 데 사용되는 정말 놀랍고 유용한 물질이랍니다.

석유에서 처음으로 플라스틱을 만들어 낸 것은 대략 100년 전 일이에요. 최초의 인공 플라스틱은 '베이클라이트'(Bakelite)라고 불렀어요. 지금도 옛날 집에서 베이클라이트를 볼 수 있답니다. 갈색 전등 스위치를 찾아보세요. 바로 그거예요. 그 후로 세상은 점점 더 석유로 만든 플라스틱에 의존하게 되었어요.

지난 100년 동안 다양한 종류의 플라스틱이 발명되어 갖가지 용도로 사용되고 있답니다. 예를 들어 투명 플라스틱인 퍼스펙스(perspex)는 유리 대신 창문 재료로 사용되고, 폴리프로필렌(polypropylene)으로는 주사기를 만들어요. 고밀도 폴리에틸렌(polyethylene)으로 비닐 봉투와 젖병을 만들고, 나일론으로 옷과 카펫 그리고 그물을 만들지요.

플라스틱 구별하기

우리가 구입하는 대부분의 플라스틱 제품에는 어떤 종류의 플라스틱으로 만들었는지 알려 주는 마크가 표시되어 있어요. 플라스틱은 종류에 따라 성질도 다르답니다. 어떤 플라스틱은 물에 뜨고, 어떤 것은 가라앉아요. 어떤 것은 재활용할 수 있지만 그러지 못하는 것도 있어요. 어떤 것은 다른 것보다 독성이 더 강해요.

코드 및 마크	플라스틱 종류	주요 용도	성질
01 PET	페트	음료수 병, 식판	재활용 가능. 투명하고 튼튼하며 물에 가라앉는다.
02 PE-HD	고밀도 폴리에틸렌	요구르트 병, 쇼핑백, 우유병, 샴푸나 세제 용기	재활용 가능. 물에 뜬다.
03 PVC	폴리염화비닐	뽁뽁이, 파이프, 호스, 식품 포장재	재활용 가능. 모든 플라스틱 중에서 가장 독성이 강하다.
04 PE-LD	저밀도 폴리에틸렌	쓰레기봉투, 케첩병, 비닐 랩	재활용 가능. 물에 뜬다.
05 PP	폴리프로필렌	병뚜껑, 빨대, 락앤락	재활용 가능. 물에 뜬다.
06 PS 06 PS-E	폴리스티렌, 발포폴리스티렌 (스티로폼)	플라스틱 포크와 수저, 컵, 접시, CD 케이스	재활용 어려움. 암을 일으킬 수 있는 화학물질을 방출한다.
07 OTHER	폴리카보네이트 수지 및 복합 재질	부품, 컴퓨터, 가전제품, 나일론, 퍼스펙스	재활용 어려움. 위 6가지 플라스틱 중 하나로 분류될 수 없는 것을 말하며 독성이 있다.

수치로 보는 사실:
한 해에 생산되는 레고 조각은 대략 200억 개예요.

플라스틱이 좋을 때

플라스틱은 환상적인 물질이에요. 가볍고 튼튼하고 값도 저렴하지요. 그래서 많은 물건이 플라스틱 소재로 만들어지고 있어요. 레고 같은 장난감이나 스타워즈 피겨, 인형, 엑스박스(Xbox) 게임기 모두 플라스틱으로 만든답니다.

플라스틱은 금속처럼 녹이 슬거나 나무처럼 썩지 않아요. 어떤 형태는 수백 년 동안 유지될 수 있어서 실용적인 면에서 훌륭한 재료랍니다. 게다가 플라스틱은 여러 번 재사용할 수 있어요. 재활용이 가능한 종류도 있고요.

플라스틱이 없었다면 몇몇 의학적 발전은 아예 일어나지 못했을 거예요. 의료 보조 기구나 의약품 또는 의료 장비가 필요한 많은 사람이 더 나은 삶을 살기 위해 플라스틱에 의존하고 있답니다.

놀라운 플라스틱

티백에도 플라스틱이 들어 있어요.

과자 봉지도 플라스틱으로 만들어요.

기저귀도 대부분 플라스틱으로 만들지요.

2분 임무:
매일 사용하는 좋은 플라스틱 물품 다섯 가지를 찾아보세요.
10점

플라스틱이 나쁠 때

플라스틱의 문제점 중 하나는 수백만 년 걸려서 형성되는 석유로 만든다는 거예요. 석유는 재생 가능한 자원이 아니에요. 한 번 쓰면 그냥 사라져 버리지요. 우리 손에서 만들어 낼 수 있는 게 아니랍니다.

또 다른 문제는 플라스틱이 한번 만들어지면 오래간다는 거예요. 플라스틱은 나무처럼 자연 분해가 되지 않고 녹이 슬어 무독성의 물질로 바뀌지도 않아요. 영구적이기 때문에 우리가 처리하지 않으면 결코 사라지지 않을 거예요. 바다나 땅속에서 분해가 일어난다고 해도 점점 작은 조각으로 쪼개질 뿐이에요. 게다가 그 과정에서 지구와 생명체를 해치는 화학물질이 방출된답니다.

플라스틱은 지구상에서 가장 많이 사용되는 물질 중 하나이지만 사용한 후에 어떻게 처리해야 할지 아직 알아내지 못했어요! 어쩜 좋죠!

사람들은 플라스틱이 바다로 들어가도록 방치하고 쓰레기를 땅에 파묻어요. 이 때문에 플라스틱 쓰레기는 우리 환경 속에 계속 쌓이고 있어요. 그러니까 정확히 말하면 플라스틱이 나쁜 게 아니에요. 별생각 없이 일상생활 속에서 플라스틱을 사용하고 있는 우리의 생활 방식이 문제랍니다.

> **2분 임무:**
> 한 번만 사용하고 버려지는 나쁜 플라스틱 물품 다섯 가지를 찾아보세요.
> 20점

플라스틱의 역사

1907년
석유로 최초의 인공 플라스틱 '베이클라이트'가 만들어졌어요.

1930년
접착테이프가 발명되었어요.

2004년
환경을 오염시키는 아주 작은 플라스틱 조각을 가리키는 '미세 플라스틱'이라는 용어가 처음 등장했어요.

1976년
플라스틱이 세계에서 가장 많이 사용되는 재료 중 하나가 되었어요.

2009년
플라스틱이 50퍼센트 섞인 재료로 보잉787 항공기가 만들어졌어요.

2015년
해양학자가 플라스틱 빨대가 코에 걸린 바다거북의 모습을 촬영했어요.

2017년
해양 다큐멘터리 〈블루 플래닛 2〉로 세상 사람들이 플라스틱 문제에 눈뜨게 되었어요.

1941년
폴리에스테르 섬유인 테릴렌(Terylene)이 처음 만들어졌는데 2차 세계대전 때문에 비밀에 부쳐졌답니다.

1949년
에어픽스(Airfix) 플라스틱 비행기 모형이 처음 나왔어요.

1958년
레고 블록이 발명되었어요.

1969년
닐 암스트롱이 달에 나일론으로 만든 깃발을 꽂았어요.

평범한 슈퍼영웅

이름: 롭

직업: 바닷속 쓰레기를 수거하는 일을 해요.

슈퍼파워: 플라스틱 그물로 카약을 만들어요.

플라스틱과 싸우는 방법: 바닷속 플라스틱 쓰레기를 수거하는 잠수부 작업반을 운영하고 있어요.

중요한 한마디: 플라스틱 오염에 대해 소리 높여 알리세요.

싫어하는 것: 일회용 플라스틱을 사용해도 괜찮다고 생각하는 것

좋아하는 것: 낡은 플라스틱을 유용한 물건으로 바꾸는 것

롭

두 번째 임무

쓰레기통 속 플라스틱과 싸우기

나는 쓰레기에 대해 이야기하는 것을 무척 좋아해요. 쓰레기를 구경하는 것이 좋아서가 아니에요. 쓰레기를 어떻게 처리해야 할지 알아내는 것을 좋아하기 때문이지요. 쓰레기와 싸우고 #2분슈퍼영웅이 되려고 한다면 여러분도 쓰레기통에 어떤 것이 들어가는지 알아야 해요.

쓰레기로 버려지는 것은 무엇일까요?

- 영국에서는 매년 약 2억 2,290만 톤의 가정용 쓰레기가 배출돼요.

- 영국인 1인당 매년 약 600킬로그램의 쓰레기를 배출하고 있어요.

- 평균적으로 배출 쓰레기의 45퍼센트 정도가 재활용되고 있지요.

- 플라스틱은 영국에서 재활용되는 쓰레기의 44퍼센트를 차지하고 있어요.

- 영국에서 매년 배출되는 포장재 폐기물은 약 1,150만 톤이에요.

쓰레기로 버려진 것은 어떻게 될까요?

여러분은 쓰레기통에 쓰레기를 버리고 나면 그냥 잊어버릴 거예요. 쓰레기통이 비워지면 끝이지요. 하지만 그것으로 끝나는 게 아니에요. 모든 것은 어딘가로 간답니다. 쓰레기는 어디로 갈까요? 쓰레기를 버렸을 때 그냥 '사라지는 것'은 없어요. 쓰레기통에 버려진 쓰레기가 어떻게 되는지 곰곰이 생각해 봐야 해요.

음식물 쓰레기와 정원 쓰레기는 어떻게 될까요?

음식물 쓰레기와 정원 쓰레기는 유기질이므로 가정용 퇴비통(음식물 쓰레기통)에 넣을 수 있어요. 그러면 우리 지구에 이롭고 새로운 식물이 잘 자라도록 돕는 천연 퇴비로 분해될 거예요. 놀랍죠!

잡지 포장지와 음식물 쓰레기봉투 중에는 퇴비를 만들 수 있는 재질로 된 것도 있어요. 그것도 퇴비통에 넣을 수 있지요. 영국의 몇몇 지방 자치단체에서는 퇴비를 만들기 위해 음식물 쓰레기와 정원 쓰레기를 수거하고 있답니다.

2분 임무: 음식물 쓰레기통을 꺼내서 퇴비를 만들어 봐요. 퇴비 만드는 방법은 여덟 번째 임무에 나와 있어요.
30점

가정용 쓰레기는 어떻게 될까요?

재활용품 쓰레기통에 담긴 쓰레기는

- 자원회수시설(Material Recovery Facility)로 보내져요. 그곳에서 재활용이 가능한 것과 불가능한 것으로 분류되지요.

가정용 쓰레기통에 버려진 쓰레기는 다음 두 곳 중 한 곳으로 보내져요.

- 첫째, 땅에 거대한 구멍을 파서 쓰레기를 파묻는 쓰레기 매립장으로 보낼 수 있어요. 그런데 지구온난화와 기후변화에 영향을 미치는 온실가스와 화학물질이 쓰레기 매립장에서 새어나올 수 있어요. 마음에 안 들어요!

- 둘째, 쓰레기를 태워 전기를 만들 수 있는 에너지회수시설로 보낼 수 있어요. 유용한 에너지로 바꾸는 것은 좋지만 재활용할 수 있는데도 그러는 건 바람직하지 않아요.

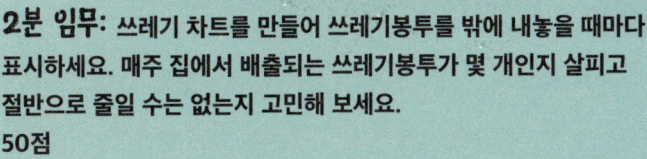

2분 임무: 쓰레기 차트를 만들어 쓰레기봉투를 밖에 내놓을 때마다 표시하세요. 매주 집에서 배출되는 쓰레기봉투가 몇 개인지 살피고 절반으로 줄일 수는 없는지 고민해 보세요.
50점

재활용 쓰레기는 어떻게 될까요?

재활용품 쓰레기통에 배출된 쓰레기는 따로 수거해서 다른 물건으로 바꿀 거예요. 여러분도 그럴 것이라 생각하고 있을 거고요.

사실 재활용 쓰레기라고 해서 항상 재활용되는 것은 아니랍니다. 모든 것은 재활용 쓰레기가 얼마나 깨끗한지, 종류가 무엇인지, 그리고 플라스틱을 재활용할 때 얻을 수 있는 이득은 얼마인지에 따라 달라져요.

간단히 말해 재활용되는 것도 있고, 재활용되지 않는 것도 있어요.

뭐가 뭔지 복잡하죠? 당연히 그렇겠죠. 재활용하는 것이 정말 중요하지만 그것이 항상 플라스틱과 싸우는 최선의 방법은 아니랍니다.

최선의 방법은 무엇일까요? 일회용 플라스틱 제품을 덜 쓰거나 아예 안 쓰는 거예요. 재사용이 가능한 물품을 선택하고, 사용하는 물품의 양을 줄이세요. 그리고 고쳐 쓰세요.

재활용 쓰레기에 관한 사실: 2017년까지 영국은 많은 재활용 쓰레기를 중국으로 보냈어요. 이제 중국은 더 이상 폐플라스틱을 수입하지 않아요. 다른 곳으로 보내야 한다는 말이지요. 결국 땅에 매립하거나 바다에 버릴지도 몰라요.

2분 임무: 가까운 곳에 있는 자원회수시설을 방문하세요.
50점

생분해성 플라스틱과 퇴비화 가능 플라스틱은 어떤가요?

재활용 가능과 불가로 분류하는 것처럼 간단하면 좋을 텐데, 미안해요!

  퇴비화 가능 표시가 된 제품은 음식물 쓰레기처럼 썩어서 분해될 수 있는 거예요. 그러나 퇴비화 가능 표시가 되어 있더라도 지방자치단체에서 운영하는 산업시설용 퇴비통에 넣고 적절한 온도와 특정 조건을 맞췄을 때만 분해될 수 있어요. 게다가 퇴비화 가능 플라스틱은 재활용을 망칠 수 있다는 문제가 있답니다. 그래서 어떻게 처리해야 할지 알기가 어려워요.

  빨대나 포크 같은 생분해성 플라스틱 제품은 유기질로 분해될 수 있어요. 하지만 주로 전문 시설에서 일정한 조건이 성립할 때만 가능하답니다.

  현재 사탕수수나 콩 같은 다양한 재료를 이용해 바이오플라스틱(bioplastic)이라 불리는 새로운 플라스틱을 개발하고 있어요. 바이오플라스틱은 석유로 만든 것도 아니고 분해될 때 지독한 화학물질을 배출하지 않아서 좋아요. 단점은 제대로 처리되지 않는다면 일반 플라스틱과 마찬가지로 영원히 사라지지 않을 수 있다는 거예요.

  골치 아프죠? 내 머리도 터지기 직전이랍니다!

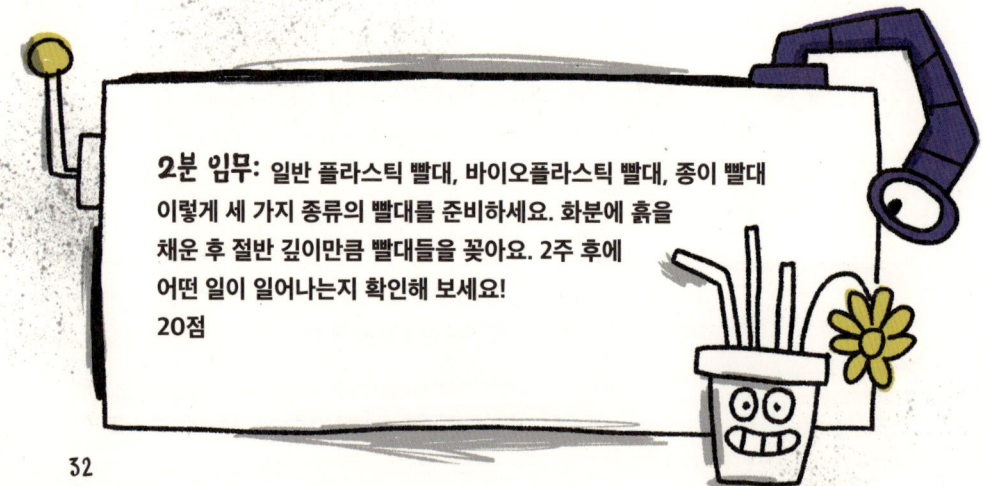

2분 임무: 일반 플라스틱 빨대, 바이오플라스틱 빨대, 종이 빨대 이렇게 세 가지 종류의 빨대를 준비하세요. 화분에 흙을 채운 후 절반 깊이만큼 빨대들을 꽂아요. 2주 후에 어떤 일이 일어나는지 확인해 보세요!
20점

다른 나라에서는 쓰레기를 어떻게 할까요?

세상에는 재활용품 처리 공장이 별도로 없거나 쓰레기를 수거하지 않는 나라들도 있어요. 그런 나라에서는 쓰레기를 쓰레기장에 버리거나 소각하거나 강에 버려서 결국 바다로 흘러 들어가게 만든답니다. 아니면 그냥 썩게 놔둘 수도 있어요. 하지만 플라스틱 같은 쓰레기는 썩지도 않아요. 쓰레기 처리는 국제적인 문제랍니다. 많은 나라와 도시에서 일회용 플라스틱 사용을 금지하는 조치를 취하고 있고 거리와 들판에 쓰레기가 쌓이지 않도록 노력하고 있어요. 훌륭하지요!

케냐
2017년에 비닐 봉투 사용을 금지했고, 비닐 봉투를 만들거나 판매하거나 사용하는 사람에게 무거운 벌금을 물리고 있어요.

모로코
2016년부터 비닐 봉투 사용을 금지하고 있어요.

바누아투
2018년부터 비닐 봉투, 스티로폼 포장용기, 플라스틱 빨대의 사용을 금지하고 있어요.

프랑스
2016년에 비닐 봉투 사용을 금지했고 2020년부터 플라스틱 수저와 포크, 접시, 컵도 금지할 예정이에요.

짐바브웨
2017년 스티로폼 그릇을 전면 금지했어요.

르완다
2008년 비닐 봉투 사용을 금지했어요.

인도 뉴델리
2017년 일회용 플라스틱 제품을 금지했어요.

캐나다 밴쿠버
2019년 플라스틱 빨대와 스티로폼 포장용기 사용을 금지했어요.

* 우리나라도 2018년부터 비닐 봉투를 유상으로 제공하거나 사용을 금지하고, 음식점과 카페의 일회용품 사용을 규제하고 있어요.

세 번째 임무
공원의 플라스틱과 싸우기

여러분은 공원에 얼마나 자주 가나요? 공원에서 쓰레기를 본 적 있지요? 미끄럼을 타다가 공원 한편에 버려진 플라스틱 병이 눈에 들어온 적 없나요? 뭔지 알겠죠! 공원이나 거리에 버려진 쓰레기가 바다까지 흘러 들어갈 수 있다는 것을 상상해 본 적 있어요? 충분히 그럴 수 있답니다! 바다에서 발견되는 플라스틱은 모두 다른 곳에서 온 거랍니다. 여러분은 동네 공원에 버려진 쓰레기가 바다로 흘러 들어가는 것을 원하지 않을 거예요. 그렇죠? 이런 까닭에 바로 지금, 거리와 공원과 운동장에서 플라스틱과 큰 싸움을 벌이기 시작해야 해요.

2분 임무: #2분쓰레기줍기를 하세요.
집에서 학교까지 걸어가거나 공원을 산책할 때 2분 동안 쓰레기를 주워 낡은 쇼핑백에 담으세요. 재활용할 수 있는 것은 재활용하고 나머지는 쓰레기통에 버리세요. 2분 동안 얼마나 주웠나요?
20점

공원에 있던 플라스틱이 어떻게 바다로 갔을까?

믿기지 않을 수도 있겠지만 우리가 자주 가는 공원과 거리와 운동장은 바다와 연결되어 있답니다. 모든 배수구는 하수처리장이나 하천이나 강과 연결되어 있고 결국 바다로 이어지지요.

여러분 집이나 이웃집에서 매주 배출하는 쓰레기도 바다로 흘러 들어가는 경로가 있어요. 쓰레기봉투가 터지거나 바퀴 달린 쓰레기통이 넘어져 플라스틱이 거리에 쏟아진다면 바람에 날려 배수구나 강으로 들어갈 것이고, 그 다음 바다로 흘러 들어갈 수 있지요. 다른 쓰레기들도 마찬가지랍니다.

거리와 놀이터와 공원에서 플라스틱 쓰레기를 없앨 수 있다면 바다를 돌보는 데 도움이 될 거예요.

그래서 플라스틱과의 싸움에서 여러분의 역할이 중요한 거랍니다.

평범한 슈퍼영웅

이름: 닐

직업: 쓰레기 줍는 일을 해요.

슈퍼파워: 나라가 깨끗해지도록 청소해요.

플라스틱과 싸우는 방법: 언제 어디든 쓰레기를 주워요.

중요한 한마디: 항상 긍정하세요. 우린 할 수 있어요.

싫어하는 것: 다른 사람들이 쓰레기를 줍는데도 구경만 하고 함께 하지 않는 것

좋아하는 것: 깨끗한 해변을 보면서 느끼는 따뜻하고 아련한 기분

닐

❶ 쓰레기가 넘치는 쓰레기통
❷ 크고 작은 도시에 버려진 쓰레기
❸ 해변에 버려진 쓰레기
❹ 사고로 유출된 공장 폐기물
❺ 빨래할 때 배출되는 미세 섬유
❻ 화장실 변기를 통해 하수구로 들어가는 물건들
❼ 분실된 낚시 도구
❽ 선박이나 어선에서 바다에 버린 폐기물
❾ 유실된 선적 컨테이너
❿ 부실한 쓰레기 수거 관리

네 번째 임무

책가방 속 플라스틱과 싸우기

슈퍼영웅은 책가방에 무엇을 가지고 다닐까요? 한번 맞혀볼까요? 분명 연필 몇 자루가 들어 있을 거예요. 플러스펜이나 볼펜은요? 오래된 과자 봉지는요? 교과서? 참고서? 자? 사탕 포장지? 낡은 장갑 한 쪽도 있을 수 있어요. 재사용 가능한 물병(텀블러)도 분명 들어 있을 거예요. 내 말이 맞죠? 이번 임무는 여러분 가방에서 불필요한 플라스틱을 없애는 데 도움이 될 거예요.

볼펜 분해하기

여러분은 전 세계적으로 하루 약 1,500만 개의 볼펜이 팔린다는 사실을 알고 있나요? 볼펜은 플라스틱과 금속으로 만들지만 재활용하기 어려워요. 빅 볼펜(최초로 볼펜을 대량 생산하기 시작한 프랑스 문구용품 제조회사 빅에서 만든 볼펜)은 일회용이라서 다 사용하면 그냥 버리게 되지요. 영국에서 매년 판매되는 빅 볼펜은 2억 자루가 넘는답니다. 볼펜들이 쓰레기 매립장에 묻히지 않도록 하는 것은 여러분에게 달려있어요.

쓰레기의 자취:
1950년부터 2005년까지 세계 최대 볼펜 제조사인 빅(Bic)사가 판매한 플라스틱 볼펜은 1,000억 개가 넘어요. 그만큼의 볼펜이 있으면 달까지 왕복 32만 번 직선을 그릴 수 있답니다.

펜에게 힘을!

2분 임무:
볼펜을 자진 신고하세요! 친구들에게 책가방에서 소지품을 모두 꺼내라고 해서 낡은 볼펜들을 모아 보세요. 그런 다음 선생님에게 도와 달라고 해서 수집한 볼펜을 www.terracycle.co.uk를 통해 빅사로 보내세요. 빅사에서는 다 쓴 볼펜을 재활용할 거예요. 그 과정에서 여러분은 점수도 얻고 돈도 벌 수 있어요.
80점

물병이 단연 최고인 이유!

재사용이 가능한 물병은 플라스틱과의 싸움에서 단연 최고의 무기예요. 물병에 물을 채울 때마다 여러분은 훌륭한 일을 하고 있는 거랍니다. 그러니까 계속하세요! 페트병 생수를 사는 대신 물병을 채우고 플라스틱 쓰레기를 줄이고 바다를 도와주세요.

- 여러분은 평균적으로 일 년에 190일씩 12년 동안 학교에 가요. 매일 재사용 가능한 물병을 사용하면 학교 다니는 동안 페트병 2,280개를 절약하는 셈이 되지요.

- 수돗물은 병에 담긴 생수보다 500배 더 깨끗하고 학교에서 공짜로 마실 수 있어요.

평범한 슈퍼영웅

이름: 뎁
직업: 교사
슈퍼파워: 작은 생각을 굉장히 큰 것으로 바꾸는 힘을 가지고 있어요.
플라스틱과 싸우는 방법: 병에 물을 채울 수 있는 식수대인 리필스테이션(ReFill station)을 만들었어요.
중요한 한마디: 어디를 가든 물병을 가지고 다니세요!
싫어하는 것: 일회용 페트병
좋아하는 것: 리필스테이션에서 무료로 물병에 물을 채우는 것

뎁

- 수돗물은 탄산수보다 건강에 더 좋아요.

- 여러분은 원하는 만큼 수돗물을 마실 수 있어요. 물병에 물을 채우세요!

- 페트병과 플라스틱 병뚜껑이 해변 쓰레기의 15퍼센트를 차지한답니다.

- 페트병은 뚜껑이 닫혀 있지 않으면 대부분 물에 뜨지 않아요. 그래서 바다의 밑바닥까지 가라앉아서 그곳에 계속 남아 있게 되지요.

- 바다 밑바닥에서 페트병은 수천 조각의 미세 플라스틱으로 분해돼요.

- 영국에서는 하루에 3500만 개의 페트병이 사용되고 있어요.

- 페트병 가운데 오직 57퍼센트만 재활용된답니다.

2분 임무:
여러분의 학교에는 물병에 물을 채울 수 있는 식수대나 정수기가 있나요? 있다면 물병을 채우세요. 없다면 학교에 건의해 보는 것은 어떨까요? 부모님과 친구 부모님에게 건의서에 서명해 달라고 부탁할 수 있어요.
30점

그거 참 귀찮은 사탕 포장지

책가방으로 다시 돌아가 볼까요. 낡은 사탕 포장지가 몇 개나 들어 있었나요?

나쁜 소식: 사탕 포장지는 대부분 재활용할 수 없는 재질의 플라스틱으로 만들어진다는 사실을 알고 있나요? 특히 슈퍼영웅은 당분 충전이 자주 필요하기 때문에 정말 달갑지 않은 소식이지요. 물론 단것을 먹는다 해도 당연히 엄격하게 조절해서 적당량을 섭취해야 하겠지만요.

좋은 소식: 굳이 비닐로 포장된 사탕을 먹지 않아도 돼요! 아직도 종이와 은박지에 포장되어 나오는 초콜릿과 캔디와 사탕이 있어요. 내 맘대로 골라 살 수 있는 다양한 맛의 사탕은 종이 봉지에 포장되고, 여행용 사탕은 편리한 주석 캔에 담겨 나온답니다. 주석 캔은 사탕이 망가지는 것을 막아 주고, 플라스틱을 사용하지 않게 해 줘요. 게다가 다른 물건을 보관하는 통으로 재활용할 수도 있어요. 기발하죠.

2분 임무: 여러분이 즐겨 먹는 사탕이 비닐 포장지에 싸인 것이라면 안타깝지만 이제 그만 사야 할 거예요. 바꿔 말해 다른 사탕을 사러 갈 시간이라는 말이지요. 자신에게 사탕 한 상자를 선물하세요. 얼른 다양한 맛의 사탕을 골라 담아요!
10점

과자 봉지

최근에 과자 한 봉지를 먹은 적 있죠, 맞죠? 다 먹은 후 봉지는 어떻게 했어요? 쓰레기통에 버렸다고요? 안타깝지만 그것이 현재로서는 우리가 할 수 있는 유일한 선택이에요.

나쁜 소식: 과자 봉지는 재활용하기 정말 어려워요. 플라스틱과 은박으로 만들어지기 때문이죠. 그래서 대부분의 과자 봉지는 쓰레기 매립장으로 보내진답니다. 아주 놀랍다고요? 통계 수치를 보기 전까지 아직 놀라기는 일러요.

최악의 소식: 세계에서 가장 큰 감자칩 과자 제조사인 워커스(Walkers)는 하루에 1,100만 봉지를 생산한답니다! 크리스마스에 하루 쉰다고 가정하면 일 년에 40억 400만 봉지를 생산한다는 말이지요. 2분 동안에는? 1만 5,278봉지예요.

좋은 소식: 2018년 워커스는 감자칩 과자 봉지를 최대한 재활용하거나 회수하기 위해 재활용 사업체 테라사이클(TerraCycle)과 협력하기로 했어요. 이제 여러분은 과자 봉지를 모아서 워커스로 보내면 돼요. 그곳에서 과자 봉지는 다른 것으로 탈바꿈할 거예요. 과자 봉지를 수집하면 학교에서 점수도 얻을 수 있으므로 여러분의 학교생활에도 도움이 되겠죠.

2분 임무: 과자 봉지를 모두 모으세요. 여러분이 먹은 것과 친구들 것까지 모두요. 선생님에게 도와 달라고 해서 과자 봉지 재활용 점수 제도를 만드세요. 과자 봉지를 재활용할 수 있도록 수거해서 보내는 거예요. 게다가 선생님께 점수도 받는 거죠. 짠! 이제 쓰레기는 그만! 자세한 내용은 www.walkers.co.uk/recycle에서 알아보세요.
80점

다섯 번째 임무
점심시간에 플라스틱과 싸우기

플라스틱이 개인적인 영향을 미칠 때는 무엇인가를 변화시키기 어려울 수 있어요. 특히 좋아하는 것을 포기해야 한다는 의미라면 더욱 그럴 거예요. 부모님이 맛있는 점심 도시락을 싸 주셨는데 일회용 플라스틱에 담긴 도시락이라면 어떨까요? 여러분은 어려운 결정을 해야 할 거예요. 점심과 관련된 싸움을 시작할 준비가 되었나요? 되었다고요? 그렇다면 슈퍼영웅의 지위가 여러분을 기다리고 있어요!

평범한 슈퍼영웅

이름: 영웅 헬포드

직업: 평범한 돌고래

슈퍼파워: 뛰어난 지능

플라스틱과 싸우는 방법: 플라스틱 낚싯줄에 걸려 몇 시간 동안 사투를 벌이다가 구출되었답니다.

중요한 한마디: 돌고래에게 위협적이지 않은 그물로 잡은 물고기만 먹으세요.

싫어하는 것: 바다에 낚시 그물을 내다 버리는 것

좋아하는 것: 돌고래 친구들과 노는 것

영웅 헬포드

점심 도시락 살피기

슈퍼영웅도 점심을 먹는답니다. 즐거운 소풍날이나 해변 청소를 하러 종일 나갈 때는 도시락이 필수지요. 그런데 도시락을 어디에 쌌을까요? 여러분 도시락에 플라스틱 포크가 들어 있나요? 플라스틱 접시는요? 감자칩 과자 봉지도 들어 있어요? 주스는 빨대 달린 팩에 담긴 건가요? 몸에 좋은 반찬들은 어때요? 적당한 크기로 자른 과일이 비닐 봉투에 담겨 있지는 않나요? 이제 모든 것을 바꿔야 할 때가 되었어요.

2분 임무:
소풍날 친구 세 명에게 도시락을 보여 달라고 하세요. 여러분 도시락도 친구들에게 보여 주세요. 친구들 도시락에 플라스틱이 들어 있나요? 도시락에서 플라스틱 제품을 하나 이상 줄이겠다고 약속하세요. 10점

도시락 씨, 당신이 플라스틱을 소지하고 있다고 들었습니다.

점심 도시락 관리하기

매일 점심 도시락을 싸려면 꽤 많은 시간과 노력이 든답니다. 그래서 쉬운 방법을 찾게 되죠. 하지만 가장 쉬운 방법이 때로는 지구에게 가장 해로울 수 있어요.

낱개 포장된 과자
문제점: 많은 비닐 포장지
해법: 과자를 직접 만들어요.

낱개 포장된 요구르트
문제점: 플라스틱 용기
해법: 재사용할 수 있는 그릇에 요구르트를 담아 가요.

주스 팩
문제점: 비닐 포장된 빨대와 재활용이 어려운 팩
해법: 재사용할 수 있는 병에 주스를 담아서 가요.

과일과 채소를 담은 비닐 팩
문제점: 많은 비닐 팩
해법: 재사용할 수 있는 그릇에 담아서 가요.

먹기 좋게 미리 잘라 놓은 사과, 한 입 크기 초콜릿 바, 샌드위치, 샐러드, 주스 모두 주로 플라스틱으로 포장하지요.

비닐랩으로 포장한 샌드위치
문제점: 비닐랩은 재활용할 수 없어요.
해법: 재사용할 수 있는 그릇이나 밀랍 포장지를 사용해요.(일곱 번째 임무를 참조하세요.)

탄산음료
문제점: 플라스틱 병
해법: 재사용할 수 있는 음료수 병을 사용해요.

샐러드 박스
문제점: 투명 비닐 포장지는 재활용이 안 될 수도 있어요.
해법: 재사용 가능한 그릇에 담아 가요.

학교 급식에서 플라스틱과 싸우기

학교에서 급식으로 제공되는 음식은 하루에 얼마나 될까요? 학교 급식에 사용되는 일회용 플라스틱 빨대, 플라스틱 수저, 비닐 팩, 플라스틱 병, 플라스틱 그릇들을 플라스틱이 아닌 다른 재질의 것으로 바꾼다면 플라스틱을 얼마나 많이 줄일 수 있는지 어렵지 않게 계산할 수 있을 거예요. 이제 플라스틱 없는 점심시간을 위해 싸워야 할 때예요.

여러분의 학교에서 일 년 동안 점심식사로 제공되는 음식의 양이 얼마나 되는지 생각해 보세요.

그리고 전국에 학교가 몇 개 있는지 생각해 보세요.

2분 임무: 학급 친구들에게 또는 조회 시간에 #2분슈퍼영웅의 임무에 대해 이야기할 수 있는지 선생님께 여쭤보세요. 플라스틱을 줄이기 위해 어떤 노력을 하고 있는지, 왜 하는지 직접 설명하는 거예요. 친구들에게 도와 달라고 하고, 돕겠다는 서면 약속을 받으세요.
50점

매년 학교 급식으로 제공되는
음식의 양이 몇 인분인지 생각해 보세요.

그리고 기억하세요.
플라스틱 빨대 하나로도 바다거북을
죽일 수 있다는 사실을요.

2분 임무: 여러분의 학교에는 요구르트 병, 빨대, 음료수 병 같은 일회용 플라스틱에 대한 재활용 점수 제도가 있나요? 없다면 하나 만들어요! 담임선생님과 교장선생님께 허락을 구하는 거예요. 쓰레기를 분리 배출하는 법을 누구나 알 수 있게 표지를 만들어 붙이세요.
40점

여섯 번째 임무

마트에서 플라스틱과 싸우기

마트는 플라스틱과의 싸움이 본격화되는 곳이에요. 왜냐고요? 일회용 포장 제품 가운데 수가 가장 많은 것이 식료품과 음료수이기 때문이지요. 플라스틱에 대한 의존을 줄이기 위해 노력할수록 플라스틱과의 싸움에 더 큰 힘을 실을 수 있어요. 그렇다고 미리 걱정할 것 없어요. 이번 훈련을 재미있게 진행하려고 하고 있으니까요. 그것도 짧게 할게요.

마트에서는 플라스틱을 왜 그렇게 많이 사용할까요?

마트에 플라스틱 포장 제품이 많은 이유는 여러 가지예요.

위생
식품에 세균이 생기지 않도록 막기 위해서죠.

신선함
어떤 식품은 플라스틱으로 포장하면 신선함을 더 오래 유지할 수 있어요.

운송
우리가 구입하는 식품들은 세계 곳곳에서 온답니다.

완벽함
우리는 되도록 완벽하게 보이는 식품을 원해요.

식품 포장에 플라스틱 사용을 줄일 수 있는 방법은?

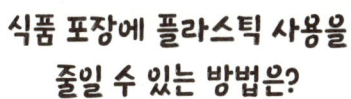

- 비닐 포장이 안 된 과일이나 채소를 선택해요.
- 동네 시장을 이용해요.
- 직거래 장터에서 식료품을 사요.
- 마트 신선식품 코너에 통이나 그릇을 들고 가요.
- 항상 재사용 가능한 장바구니를 들고 가요.

편리함
준비를 빨리 할 수 있는 음식을 좋아해요.

용량
1인분씩 포장된 식품은 원한다면 쉽게 집어 갈 수 있어요.

마케팅
포장에 따라 물건을 살 마음이 달라져요.

떼쟁이 파워를 이용해 플라스틱과 싸우기

여러분은 부모님을 따라 대형 마트에서 이리저리 돌아다니나요? 좋아요! 슈퍼영웅은 그러는 것을 무척 좋아한답니다. 쇼핑에 참여할 수 있는 기회가 되기 때문이죠. 부모님에게 떼를 쓰세요! 식료품을 살 때 최선의 선택을 할 수 있게 일부러 성가시게 구는 거죠. 플라스틱이 아닌 다른 것으로 포장된 물건이 있다면 그걸 사자고 떼를 써서 부모님도 플라스틱과의 싸움에 동참시키세요!

2분 임무: 장 보는 일을 돕겠다고 하세요. 그러면 식료품을 살 때 가족 구성원으로서 목소리를 낼 수 있을 거예요.
20점

쇼핑 습관을 변화시켜 플라스틱과 싸우기

마트는 플라스틱과 싸우기 어려운 장소이지요. 장소를 옮겨야겠어요! 직거래 장터는 훨씬 더 재미있고, 플라스틱 포장이 안 된 신선한 지역 농산물을 구입할 수 있는 좋은 곳이랍니다.

　가족들과 함께 밀가루, 설탕, 소금, 건어물 같이 다양한 식품을 포장 없이 판매하는 재래시장이나 플라스틱 포장을 사용하지 않는 가게를 찾아갈 수도 있겠지요. 참, 장바구니 챙겨가는 거 잊지 마세요!

2분 임무: 쇼핑할 때 플라스틱 포장재를 사용하지 않은 제품으로 선택하세요. 그러면 쓰레기가 생기지 않아요!
40점

일곱 번째 임무
부엌에서 플라스틱과 싸우기

여러분 집에서는 누가 부엌을 책임지고 있나요? 부엌에서 플라스틱과 싸울 생각이 정말 있다면 부엌부터 손에 넣어야 할 거예요. 부엌에서 플라스틱과 싸우기 위해 할 수 있는 일은 굉장히 많답니다. 여러분은 플라스틱 포장이 된 음식을 피하고, 식재료를 직접 씻고, 매우 엄격하게 비닐 봉투 사용을 금지하고, 플라스틱 없이 요리하는 법을 배울 수 있어요. 가족들이 플라스틱을 멀리하는 선택을 하도록 도울 수도 있지요.

부엌을 비닐 봉투 없는 곳으로 만들기

여러분 집 싱크대 밑 수납장에는 비닐 봉투가 얼마나 들어 있을까요? 분명 많이 있을 거예요! 비닐 봉투를 몇 번이고 다시 사용할 수 있는 캔버스 천 가방(에코백)으로 바꾸는 것이 바로 여러분이 할 일이에요. 가족들이 다른 것을 사용하게 그냥 둬도 안 돼요.

    2015년 영국에서는 비닐 봉투를 사용하면 장당 5파운드의 세금을 내는 제도를 도입했어요(영국 돈 1파운드는 우리나라 돈으로 대략 1,500원). 이 제도가 도입되기 전까지 영국의 주요 마트에서는 매년 일인당 140장의 비닐 봉투를 무료로 제공했답니다. 비닐 봉투에 세금이 부과된 뒤로는 일 년에 일인당 25개로 감소했어요. 82퍼센트가 줄어든 것이지요. 작은 행동 변화가 마침내 큰 변화를 일으킬 수 있음을 보여 주는 좋은 예랍니다. 아자!

2분 임무:
여러분은 비닐 봉투 감시 경찰이 될 거예요! 비닐 봉투 사용에 대해 조금도 봐주지 않겠다고 선언하고, 가족 누구든 어떤 이유에서도 비닐 봉투를 사용하지 못하게 하는 것이지요. 에코백을 자동차 안과 싱크대 밑에 넣어 두거나 늘 갖고 다니세요. 비닐 봉투를 사용하는 가족이 있으면 벌금으로 만 원을 내라고 하세요.
20점

설거지할 때 플라스틱 사용 없애기

설거지도 플라스틱과 싸울 수 있는 기회가 될 수 있어요! 집에서 설거지할 때 수세미를 사용하거나 주방세제를 사서 쓰나요? 냄비 닦는 수세미는 대부분 소재가 플라스틱이에요. 설거지할 때마다 수세미에서 아주 작은 플라스틱 조각이 떨어져 나와 싱크대로 들어가고, 결국에는 바다로 흘러 들어가게 된답니다. 망사 수세미나 뜨개질해서 만든 수세미를 사용해 설거지하면 매번 수백 개의 작은 플라스틱 섬유 조각을 바다로 흘러 보낼 위험이 생기는 거지요.

2분 임무: 플라스틱 수세미를 코코넛 껍질이나 금속으로 만든 수세미로 바꾸고, 플라스틱 대신 면으로 만든 행주를 사용하세요.
30점

슈퍼영웅 냄비로 플라스틱과 싸우기

여러분은 요리할 줄 아세요? 요리를 배우려면 시간이 좀 걸리지요. 그래도 플라스틱 포장이 안 된 신선한 재료로 요리해서 먹는 것이 편의점 도시락이나 즉석 수프나 비닐 팩에 대용량으로 포장되어 나오는 샐러드 같은 음식을 먹는 것보다 훨씬 더 친환경적이지요. 낱개로 구입할 수 있는 채소를 사서 요리한다면 플라스틱 소비를 곧바로 줄일 수 있어요. 밥을 짓는 법과 피자 도우 만드는 법을 배우는 것도 도움이 될 거예요. 게다가 요리는 재미있잖아요. 우아!

소용량 제품 포기하기

작은 병에 담긴 요구르트나 한 번 먹을 양의 음식처럼 소량으로 포장되어 판매되는 음식은 플라스틱을 두 배 이상 사용한답니다. 과감히 싫다고 말하세요! 큰 항아리에 담긴 요구르트를 떠서 먹거나 큰 통에 담긴 비스킷을 꺼내 먹을 수 있잖아요. 시리얼을 대용량 상자로 살 수도 있고요. 쉽죠!

2분 임무: 가장 좋아하는 시리얼 박스 가운데 용량이 가장 큰 것과 가장 작은 것을 하나씩 찾으세요. 각각 한 상자에 시리얼이 몇 그릇 들어 있는지 알아보고 100그릇을 채우려면 몇 상자가 필요한지 계산해 보세요. 10점

밀착 포장용 비닐과 싸우기

비닐랩 같은 밀착 포장용 비닐은 재활용할 수 없어요. 100퍼센트 천연 재료를 이용해 만들기 쉽고 재사용 가능하며 음식도 신선하게 보관할 수 있는 제품을 만들면서 시간을 보내는 건 어떨까요?

불편한 진실: 밀착 포장용 비닐은 재활용하기 매우 어려워요. 음식물이 묻어 있으면 더욱 그렇고요.

2분 임무: 어른과 함께 밀랍 포장지를 만들어 보세요. 가장 밝은 색의 면으로 된 천을 구해서 밀랍을 칠해요. 밀랍은 인터넷에서 구입할 수 있어요. 만일 꿀벌 밀랍을 사용하기 싫다면 식물 기반 밀랍을 쓰세요. 거기다 송진을 추가하면 달라붙는 성질이 있는 포장재를 만들 수 있답니다.
40점

밀랍 포장지 만드는 법

❶ 어른에게 도와 달라고 해서 깨끗하게 빤, 안 쓰는 면직물을 가로세로 25센티미터 정사각형으로 잘라 내세요. 낡은 체육복 상의도 괜찮아요.

❷ 밀랍 10알을 그릇에 넣고, 다른 그릇을 하나 더 겹친 상태로 뜨거운 물에 담가 녹이세요. 밀랍 100그램으로 대략 포장지 10장을 만들 수 있어요. 밀랍이 다 녹으면 디저트용 숟가락으로 코코넛 기름 한 숟가락을 넣으세요. 밀랍이 더 부드러워져요.

❸ 정사각형 천을 오븐 트레이에 올려놓고 가장자리는 유산지로 덮어 주세요. 낡았지만 깨끗한 붓으로 녹은 밀랍을 천의 한쪽 끝에서부터 칠하세요.

❹ 140도가량 가열된 오븐에 조심스럽게 오븐 트레이를 집어넣고 1분 정도 구워 주세요.

❺ 오븐 장갑을 끼고 오븐에서 트레이를 꺼내 주세요. 빨래집게 2개로 천의 양쪽 끝을 집어 트레이에서 천을 들어 올리세요.

❻ 천이 식도록 오븐 트레이 위에 2분 동안 들고 있으세요.

❼ 완전히 마르도록 철재 선반에 5분 동안 올려 두세요.

❽ 밀랍 포장지는 사용한 후에 찬물로 씻어 내면 돼요. 그러면 놀랍게도 다시 사용할 수 있답니다!

여덟 번째 임무

정원에서 플라스틱과 싸우기

기꺼이 손에 흙을 묻힐 준비가 되었나요? 화초를 잘 기르는 슈퍼영웅은 이번 임무를 정말 좋아할 거예요. 왜냐고요? 이번 임무에서는 정원에서 플라스틱과 싸우고, 새로 화초를 기를 때 폐플라스틱을 활용하는 방법을 다루거든요. 이제 난장판이 될 거예요. 신나죠!

퇴비 만들기

식물을 기르는 데 퇴비만큼 좋은 것도 없지요. 퇴비는 천연 영양분이 가득한 물질로 만들어지기 때문에 식물들이 무척 좋아한답니다.

퇴비 만드는 일은 2분 만에 할 수 있는 일은 아니지만 공간만 있다면 집에서도 쉽게 만들 수 있어요.

직접 퇴비를 만들 수 없다면 지방자치단체에서 만든 것을 얻어다 쓸 수도 있어요. 지방자체단체에서는 수거된 정원 쓰레기와 음식물 쓰레기로 퇴비를 만든답니다. 어떤 때는 무료로 얻을 수 있어요!

퇴비 만드는 법

❶ 퇴비통을 지방자치단체에서 얻어 오거나 직접 만드세요.
❷ 야채 껍질이나 나뭇잎, 풀 등을 모으세요.
❸ 그것들을 퇴비통에 넣어 주세요.
❹ 잘 섞이도록 2주마다 한 번씩 뒤집어 주세요.
❺ 짜-잔! 퇴비가 완성되었어요!

2분 임무: 두 번째 임무에서 만든 퇴비를 사용해 봐요. 화분에 퇴비를 조금 넣고 해바라기 씨를 심어요. 해바라기가 얼마나 높이 자라는지 관찰하세요!
20점

식물 키우기로 플라스틱 줄이기

식물을 키우는 일은 재미있고, 대부분 생각보다 간단해요. 채소를 직접 키워 먹으면 마트에서 채소나 샐러드를 살 필요가 없어요. 마트에서 파는 샐러드는 주로 재활용할 수 없는 포장지나 비닐 봉투에 포장되어 나오기 때문에 가정에서 채소를 자급자족하면 플라스틱 쓰레기를 줄일 수 있게 되지요. 집에서 키운 채소는 건강에 좋고 맛도 좋답니다.

집에서 샐러드 채소 기르는 방법

❶ 여러 가지 채소 씨앗을 구해요.

❷ 음식을 담았던 큰 검은색 플라스틱 용기를 깨끗이 씻은 후 퇴비를 채워주세요.

❸ 씨앗을 뿌리고, 그 위로 퇴비를 얇게 덮어주세요.

❹ 햇볕이 드는 창틀에 놓고 물을 살살 뿌리세요. 물을 계속 주면서 10일 정도 기다려요.

❺ 잎이 어릴 때 잘라 내 요리에 사용하세요. 잎이 더 자랄 때까지 놔두었다가 다시 잘라 내 사용하세요.

플라스틱 재사용하기

안타까운 이야기이지만 일회용 플라스틱은 여전히 많이 사용되고 있어요. 식물 키우기는 플라스틱을 재사용할 수 있는 아주 좋은 방법이에요. 요구르트 병, 플라스틱 음식통, 플라스틱 병은 씨앗 식물을 기르기에 안성맞춤이지요.

2분 임무: 투명 플라스틱 병을 반으로 자른 다음, 바닥에 퇴비를 깔아 주세요. 가장자리를 따라 완두콩 세 알을 심으세요. 물을 준 뒤에 창틀에 올려두세요. 완두콩 싹이 트고 줄기가 자라는 것을 직접 볼 수 있을 거예요. 충분히 자라면 더 큰 화분에 옮겨 심으세요. 어린 싹을 잘라 내 샐러드에 넣어 먹어도 되고, 여물 때까지 기다렸다가 콩을 먹어도 된답니다.
20점

평범한 슈퍼영웅

이름: 해초 박사

직업: 채소 재배

슈퍼파워: 식물을 키우는 데 뛰어나요.

플라스틱과 싸우는 방법: 플라스틱 통이나 그릇을 식물 키우는 데 이용해요.

중요한 한마디: 채소 찌꺼기를 이용해 식물을 키울 수 있게 퇴비 만들기를 시작해 보세요.

싫어하는 것: 다 쓰지 않고 버려진 쓰레기

좋아하는 것: 새로운 생명이 자라는 과정을 지켜보는 것

해초 박사

채소 재배 동아리 만들기

집에서 채소를 키울 수 없다면 학교나 지역사회에 도움을 구해 채소 재배 동아리를 만들어 봐요. 처음에는 토마토 같은 간단한 채소를 심는 식으로 작게 시작해서 점차 확대해 나가세요. 얼마 지나지 않아 상품으로 팔아도 될 만큼 울창한 채소 농원을 가지게 될 거예요!

2분 임무: 선생님에게 채소 재배 동아리를 만들거나 교실에서 채소를 키우고 싶다고 말하세요. 채소가 먹을 수 있을 만큼 자라면 가지고 온 플라스틱 통이나 접시에 담은 뒤 집으로 가지고 가요.
20점

아홉 번째 임무

욕실에서 플라스틱과 싸우기

욕실은 플라스틱과 싸우기에 매우 좋은 장소예요. 왜냐고요? 욕실에는 플라스틱 제품이 많기 때문이지요. 비누에서 샴푸까지 욕실 물품은 대부분 플라스틱으로 만들어지거나 포장되어 있답니다. 플라스틱 제품이 아닌 다른 것으로 바꾸는 일은 어려워 보일지도 몰라요. 하지만 할 수 있어요! 사실 이번 2분 임무는 여러분이 생각하는 것보다 쉽답니다.

욕실 플라스틱의 맨얼굴

- 영국에서는 약 3,300만 명이 플라스틱으로 만든 일반 칫솔을 사용하고 있어요.

- 해마다 영국에서 버려지는 칫솔은 약 1억 3,000만 개예요.

- 영국에서 일 년 간 소비되는 면봉은 132억 개이고 물티슈는 108억 장이에요.

- 면봉은 해변 청소를 했을 때 가장 많이 발견되는 쓰레기 중 하나랍니다. 크기가 작아서 하수구를 통해 바다까지 흘러 들어가게 되지요.

칫솔은 대부분 플라스틱으로 만들어요. 그러나 꼭 그럴 필요는 없어요.

2분 임무:
세상에서 가장 빨리 자라는 나무이자 지속가능성이 가장 높은 재료인 대나무로 만든 칫솔을 써 보세요. 다 쓴 대나무 칫솔은 퇴비 만드는 데 사용할 수 있답니다.
20점

치약은 플라스틱 튜브에 담겨 나오지요. 이것도 반드시 그럴 필요는 없어요. 쉽게 재활용할 수 있는 금속 튜브로 된 치약도 있고 유리 용기에 담긴 제품도 있어요. 그리고 알약 형태로 된 치약도 있답니다.

2분 임무: 유리 용기에 담긴 치약이나 알약 형태의 치약을 사용해 보세요. 익숙하지는 않겠지만 분명 효과가 있을 거예요. 아침저녁으로 하루 두 번 플라스틱과 싸울 수 있는 멋진 방법이잖아요!
20점

물비누는 플라스틱 펌프통에 담겨 나오는데, 리필이 가능한 제품도 있고 다 쓰고 나면 그냥 버리거나 재활용하는 제품도 있어요. 플라스틱 펌프통은 내부에 스프링이 있기 때문에 재활용하기 어려울 수 있답니다.

2분 임무: 펌프통에서 나오는 물비누 대신에 종이로 포장된 고체 비누를 쓰세요.
10점

샴푸, 린스, 바디 워시 제품은 일회용 플라스틱 통으로 나온답니다. 플라스틱 통은 재활용할 수도 있지만 처음부터 사용하지 않으면 더 좋겠지요.

2분 임무: 샴푸바(shampoo bar)라고 하는 비누 모양의 고체 샴푸를 써 보세요. 그리고 바디 워시 대신 일반 비누를 쓰세요.
10점

두루마리 화장지는 플라스틱으로 만들지 않지만 주로 비닐로 포장된답니다.

2분 임무: 동네 마트에서 종이로 포장된 두루마리 화장지를 찾아보세요.
10점

요즘 나오는 면봉의 막대기는 대부분 플라스틱으로 만들어져요.

2분 임무: 나무 막대기로 된 면봉을 찾아보세요. 면봉이 필요할 때 그걸 구입하세요.
10점

평범한 슈퍼영웅

이름: 로웨나

직업: 메이크업 디자이너

슈퍼파워: 쓰레기가 생기지 않게 화장품이나 세정제를 만들어 써요.

플라스틱과 싸우는 방법: 플라스틱 용기가 필요 없는 비누와 샴푸를 만들어요.

중요한 한마디: 고체 샴푸는 아주 오래 쓸 수 있고 플라스틱 쓰레기도 만들어 내지 않아요.

싫어하는 것: 재사용 가능하지 않은 것

좋아하는 것: 깨끗하고 깔끔한 지구에서 사는 것

로웨나

열 번째 임무

화장실에서 플라스틱과 싸우기

하수처리장에 방문할 사람 누구 없어요? 있다면 빨래집게라도 준비하세요. 냄새가 고약할지 몰라요. 화장실에서 볼일을 보고 난 뒤 변기 물을 내리면 모든 오물은 하수처리장으로 간답니다. 안타깝지만 많은 다른 물건도 하수처리장으로 들어가게 돼요. 그래서 바다에 문제가 된답니다.

변기 물을 내리기 전에 한 번 더 생각하기

변기 물을 내릴 때마다 변기 안에 있던 모든 것이 U자 배관을 타고 하수관으로 들어가고, 이어서 하수처리장으로 흘러가지요. 그곳에서 여과와 정화 과정을 거쳐 하수가 처리된답니다.

문제는 하수처리장의 여과 장치가 모든 것을 걸러내지는 못한다는 데 있어요. 면봉처럼 작은 것들은 여과 장치를 빠져나가 바다로 방출된답니다. 플라스틱 재질의 물티슈는 하수도관에 걸리기도 하는데, 여기에 사람들이 싱크대로 흘려보낸 음식 찌꺼기 기름이나 식용유가 엉겨 붙어 하수구 안에 팻버그(fatberg)라 불리는 거대한 기름 덩어리를 만들기도 해요.

악취가 날 때

폭우가 쏟아질 때는 하수도 체계가 다 처리하지 못할 만큼 물이 불어나기도 해요. 그러면 수도 회사들은 하수 처리 부담을 줄이기 위해 '합류식 하수관'이라는 거대한 파이프를 통해 처리되지 않은 하수를 방출한답니다. 오줌, 똥, 구토물, 화장지뿐만 아니라 변기로 내려보낸 온갖 오물이 여과되지 않은 채 곧바로 바다로 흘러 들어가 결국 해변으로 밀려 올라올 수 있다는 말이에요. 일회용 밴드, 면봉, 물티슈 같은 쓰레기가 우리 동네 해변에 쌓인다는 뜻이지요. 우리가 매일같이 쓰레기를 줍고 있지만 정말 끔찍한 일이에요!

> **2분 임무:** 담임선생님께 지역 하수처리장을 견학시켜 달라고 하세요. 재미없을 것 같지만 사실은 아주 흥미로운 경험이 될 거예요.
> 100점

변기로 내려보내면 안 되는 것

면봉

물티슈

반짝이 가루

미세 플라스틱 입자

장난감 병정

비닐 봉투

여성 위생용품

일회용 밴드

화장솜

붕대

4P에 해당하지 않는 것들

화장실 사랑하기

변기로 내려보내도 되는 것은 오직 오줌, 똥, 구토물, 휴지뿐이라는 점을 기억하세요!

2분 임무: 여러분이 주기적으로 이용하는 화장실마다 "변기 안에는 오줌, 구토물, 휴지만 버리세요. 감사합니다!"라고 쓴 팻말을 걸어 두세요.
20점

여러분 집에서는 변기로 무엇을 내려보내는지 조사해 보세요.

2분 임무: 가족들이 4P가 아닌 것을 변기로 내려보내고 있다면 그런 것을 따로 버릴 수 있는 뚜껑 달린 쓰레기통을 변기 옆에 놓아도 되는지 물어보세요. 통에 버려진 물건은 쓰레기로 버리거나 재활용할 수 있어요.
20점

어마어마한 사실: 물티슈, 음식 기름, 식용유 등 주방에서 흘러나온 쓰레기가 뭉쳐져 만들어진 어마어마한 64미터짜리 팻버그가 영국 남서부 데본주 시드머스에서 발견되었어요. 2층 버스 여섯 대를 한 줄로 세워 놓은 것보다 더 긴 길이랍니다!

물티슈는 대부분 플라스틱 재질로 만들어지기 때문에 절대 변기에 버려서는 안 돼요. 해변 청소를 하면 물티슈가 정말 많이 발견돼요. 차라리 보들보들한 면 손수건을 쓰는 게 좋아요. 손수건은 재사용도 가능하답니다!

2분 임무: 가족들이 물티슈를 사용하고 있다면 변기에 그냥 버리지 않도록 주의시키는 메모를 화장실에 써 붙이세요!
10점

열한 번째 임무

옷장 속 플라스틱과 싸우기

여러분이 무슨 생각을 하고 있는지 알아요! 옷장에는 플라스틱이 없다고 생각하고 있을 거예요, 맞죠? 믿거나 말거나, 옷장과 옷이 널려 있는 방바닥은 플라스틱과 싸울 수 있는 아주 좋은 장소예요. 많은 옷이 나일론, 폴리에스테르, 라이크라 같은 플라스틱 소재의 합성섬유로 만들어진답니다. 플라스틱 소재 옷은 빨래할 때 '미세 섬유'라 불리는 아주 가는 섬유가 많이 빠져요. 그 미세 섬유가 배수구를 통해 바다로 유입된답니다.

오래전부터 존재했던 플라스틱이 새로운 이유

나일론, 폴리에스테르, 아크릴 등 모든 합성섬유는 다양한 종류의 플라스틱으로 만들어진답니다. 플라스틱은 여러 개의 분자가 반복된 구조를 갖는 중합체(polymer)로, 자연 상태에서 분해되지 않아요. 축구 유니폼, 교복, 스포츠 양말, 재킷 같은 옷은 주로 합성섬유로 만들지요. 옷에 달린 라벨을 살펴보면 어떤 소재로 만든 것인지 쉽게 확인할 수 있어요.

의류용 반짝이도 마찬가지예요. 대부분 플라스틱으로 만들지만 안타깝게도 재활용하기 굉장히 어렵지요. 겨울 코트에 다는 인조털 장식도 합성섬유로 만든답니다.

양모나 면, 삼베, 비단, 대나무 섬유 같은 천연섬유로 만든 옷을 선택하면 플라스틱 사용을 피할 수 있어요.

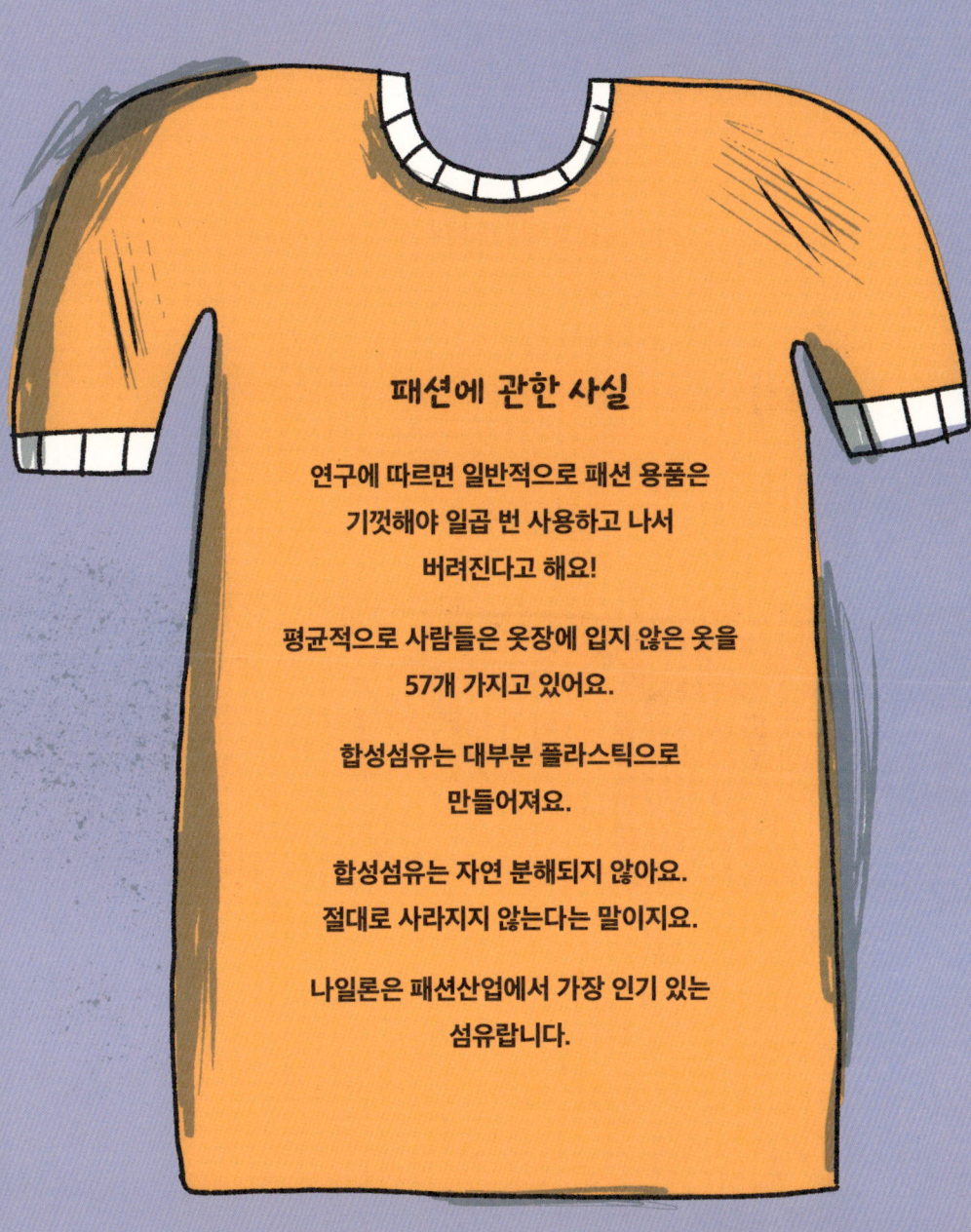

패션에 관한 사실

연구에 따르면 일반적으로 패션 용품은 기껏해야 일곱 번 사용하고 나서 버려진다고 해요!

평균적으로 사람들은 옷장에 입지 않은 옷을 57개 가지고 있어요.

합성섬유는 대부분 플라스틱으로 만들어져요.

합성섬유는 자연 분해되지 않아요. 절대로 사라지지 않는다는 말이지요.

나일론은 패션산업에서 가장 인기 있는 섬유랍니다.

옷을 빠는 것이 나쁜 이유

옷을 빨 때 아주 작은 플라스틱 조각인 미세 섬유가 옷에서 빠져나온 답니다. 미세 플라스틱 섬유는 바다를 오염시키는 플라스틱의 주요 원천으로 손꼽히지요. 옷을 세탁할 때마다 회전식 건조기에 빠진 보풀이 배수구를 통해 빠져나간다고 상상해 보세요, 으! 하수처리장 시설로도 미세한 합성섬유는 거를 수 없기 때문에 곧장 강이나 바다로 흘러 들어가게 된답니다. 그곳에서 플라스틱 섬유는 분해되지 않고 그대로 플랑크톤이나 작은 물고기의 배 속으로 들어가게 돼요. 그런 물고기가 더 큰 물고기에게 잡아먹히면 플라스틱 섬유는 먹이사슬을 따라 올라가게 되는 것이지요. 결국 우리 인간이 먹을 수도 있어요, 윽!

천연섬유는 좋아요

면 청바지

모직 스웨터

인조견으로 만든 하와이안 셔츠

대나무 섬유로 만든 속옷

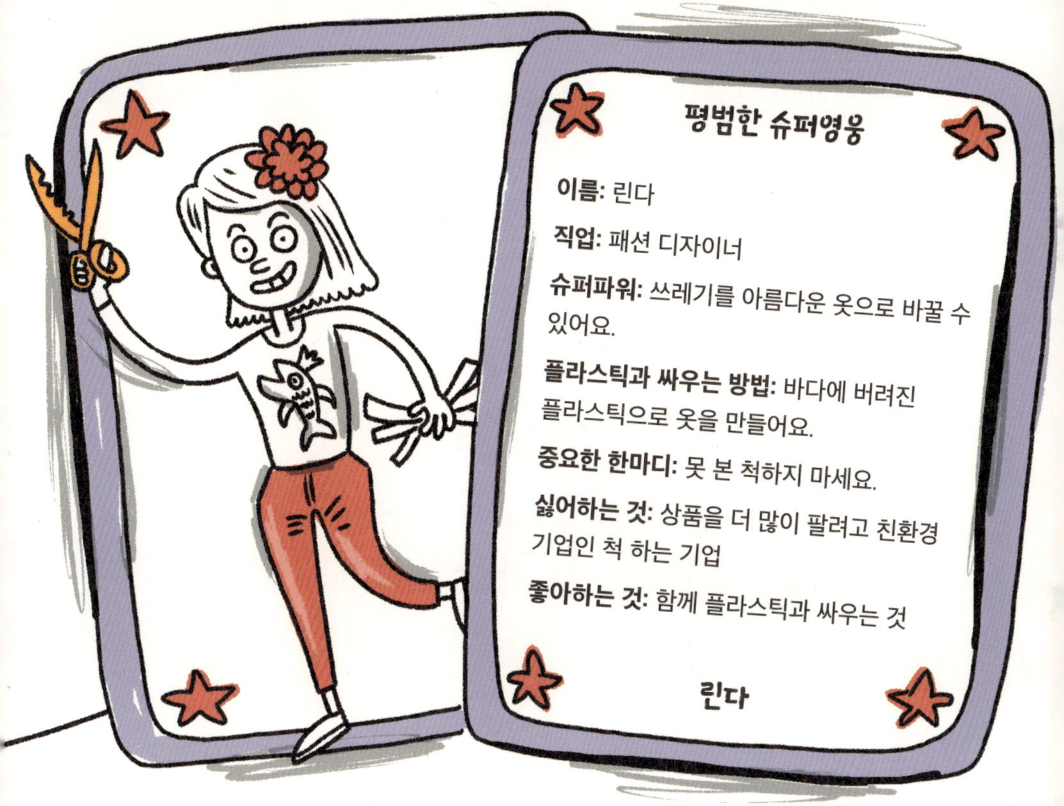

평범한 슈퍼영웅

이름: 린다

직업: 패션 디자이너

슈퍼파워: 쓰레기를 아름다운 옷으로 바꿀 수 있어요.

플라스틱과 싸우는 방법: 바다에 버려진 플라스틱으로 옷을 만들어요.

중요한 한마디: 못 본 척하지 마세요.

싫어하는 것: 상품을 더 많이 팔려고 친환경 기업인 척 하는 기업

좋아하는 것: 함께 플라스틱과 싸우는 것

린다

합성섬유는 나빠요

나일론 축구 유니폼

아크릴 스웨터

폴리에스테르 플리스(후리스) 재킷

나일론 양말

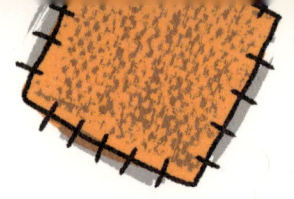

옷장 안 플라스틱과 싸우는 법

옷장 안 플라스틱과 싸울 수 있는 비법은 옷을 신중하게 고르고 아껴 입어서 새 옷을 사기 전까지 되도록 오래 입는 거예요. 그 밖에 다른 방법도 몇 가지 살펴볼게요.

- 바느질을 배우세요! 옷에 난 구멍을 꿰맨다면 옷이 더 닳는 것을 막을 수 있어요. 옷을 여러 번 입을 수 있을 거라는 이야기지요.

2분 임무: 낡은 옷에 난 구멍을 바느질로 꿰매는 법을 배우세요.
10점

- 나일론이나 폴리에스테르 같은 합성섬유로 된 옷은 자주 빨지 마세요. 자주 빨지 않는다는 말은 바다로 유입되는 플라스틱이 적어진다는 것을 의미해요.

2분 임무: 합성섬유로 만든 옷과 천연섬유로 만든 옷을 분리해서 세탁하고, 합성섬유 옷은 빠는 횟수를 줄이세요.
10점

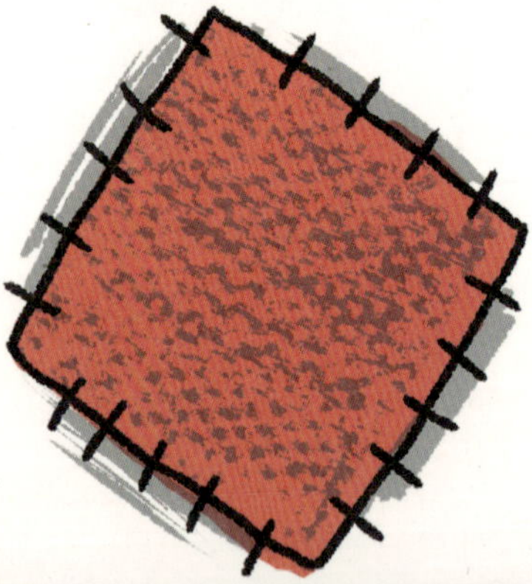

- 합성섬유로 만든 옷은 특수 세탁망 안에 넣고 빨거나 미세 섬유가 배수구로 들어가지 않도록 잡아 주는 세탁 공을 함께 넣고 세탁하세요.

> **2분 임무:** 특수 제작된 세탁망이나 세탁 공을 이용해 세탁기 안 미세 플라스틱 섬유를 걸러 내고, 걸러낸 섬유는 따로 버리세요.
> 10점

- 안 입는 옷은 친구나 친척에게 물려주거나 중고품 가게나 자선바자회에 기부하세요. 쓰레기통에 그냥 버리지 말고요!

> **2분 임무:** 학교나 동아리 활동으로 의류 교환 행사를 열어 보세요. 자주 입지 않은 옷을 가지고 와서 친구와 서로 바꾸는 거예요.
> 10점

- 창의성을 발휘해서 새활용(업사이클링)을 해 봐요! 플라스틱 성분이 들어가지 않은 염료나 섬유용 페인트, 기타 재료를 이용해 안 입는 옷을 멋지게 바꾸는 거예요.

> **2분 임무:** 안 입는 옷을 이용해 여러분만의 #2분슈퍼영웅 복장을 만들어 보세요.
> 20점

> 열두 번째 임무

축구장, 테니스 코트, 육상 트랙, 운동장에서 플라스틱과 싸우기

운동을 하는 것은 아주 좋지요! 그러나 운동장에 널브러진 플라스틱 쓰레기는 끔찍해요! 경기가 끝난 후 운동장에 버려진 쓰레기는 비가 내리면 곧바로 배수구로 빠지고, 결국 강을 거쳐 바다까지 흘러 들어간답니다. 이 문제를 해결하기 위해 슈퍼영웅이 필요할 거예요.

플라스틱 제로 경기

전설적인 스포츠 경기에는 물과 음식이 빠지지 않아요. 여러분이 하는 운동도 예외가 아니겠죠! 피구 경기에서 뛰든, 오래달리기를 하든, 자전거를 타든, 수영을 하든, 공원에서 공을 차든 간에 운동할 때 늘 물과 음식이 필요해요. 하지만 음료와 간식을 준비할 때 플라스틱은 절대 사용하지 않기로 해요!

달리기 공포: 런던 마라톤 대회에서 일회용 플라스틱 병이 약 75만 개 사용된다고 해요.

운동 시작 전후로 청소하기

운동을 시작하기 전에 #2분쓰레기줍기를 하면 확실히 경기장이 안전하고 깨끗해질 거예요. 경기 후에도 쓰레기를 주워 처음 도착했을 때보다 더 나은 곳이 되도록 만드세요. 다른 학교나 경기장에 갔을 때 이렇게 한다면 그곳 사람들에게 좋은 인상을 심어 줄 수 있어요. 남에게 어떻게 해야 하는지 보여 주는 모범이 될 수 있답니다!

2분 임무: 경기가 끝나면 모두 다함께 쓰레기를 주워요. 봉투를 가지고 가서 쓰레기를 주워 담아요. 재활용할 수 있는 것은 재활용하세요. 경기 내용이 어떻든 결국 승자는 바로 여러분이 될 거예요.
30점

평범한 슈퍼영웅

이름: 피트

직업: 해변 청소부

슈퍼파워: 무슨 일이 있어도, 심지어 불가능해 보일 때도 절대 포기하지 않아요.

플라스틱과 싸우는 방법: 즐겁게 해변과 거리를 청소하는 모임을 이끌고 있어요.

중요한 한마디: 야외에서 시간을 보내면 행복해져요. 깨끗한 해변을 걷는 것도요.

싫어하는 것: 낡은 쓰레기통에서 흘러나오는 역겨운 오물

좋아하는 것: 벨트에 차고 있는 여러 장비

피트

달리면서 쓰레기도 줍는 플로깅!

플로깅(plogging)은 조깅을 하면서 쓰레기를 줍는 환경 운동으로 스칸디나비아에서 처음 시작되었어요. 아주 간단해요. 그냥 달리다가 쓰레기가 보이면 줍는 거예요! 준비 운동을 하는 동안 한번 해 보세요!

2분 임무:
점심시간에 봉투 한 장을 들고 운동장 주변을 돌면서 플로깅을 해 보세요!
30점

열세 번째 임무

외출했을 때 플라스틱과 싸우기

여러분은 슈퍼영웅으로서 갖춰야 할 자세를 익혔기 때문에 앞으로 주말이나 외출 시간이 완전히 달라질 거예요! 새로운 눈으로 세상을 보면서 쓰레기를 발견하고, 일회용 플라스틱을 멀리하고, 어디를 가든 처음 도착했을 때보다 떠날 때 더 좋은 장소가 되도록 만드는 사람이 될 거예요. 얼마나 멋져요! 여러분은 세상 어디든 더 나은 곳으로 만들 수 있는 #2분슈퍼영웅이랍니다!

플라스틱 없는 외출

이제 해변으로 갈까요? 함께 #2분해변청소를 해요. 별로 어렵지 않아요. 타이머를 맞추고 봉투 하나를 들고 시작하면 돼요! 플라스틱 쓰레기를 얼마나 주울 수 있을까요? 청소를 마치고 아이스크림을 먹을 거면 콘으로 고르세요. 그래야 플라스틱 쓰레기가 생기지 않죠!

> **2분 임무:** #2분해변청소를 하고 어떤 쓰레기들이 나오는지 보세요. 비닐 봉투, 플라스틱 병과 뚜껑, 면봉, 물티슈, 낚시 그물 조각이 있는지 보세요. 자주 발견되는 쓰레기들이거든요. 레고 블록, 장난감 병정, 낚싯줄, 낡은 슬리퍼도 찾아보세요.
> 10점

극장에서 플라스틱과 싸우기

영화를 보러 가 볼까요? 종이 빨대와 재사용 가능한 컵도 챙겨 가세요! 팝콘은 당연히 들고 가기 좋게 종이 상자에 포장되어 나와요. 그러니까 사탕 봉지와 플라스틱 스푼만 조심하면 돼요. 쓰레기는 남겨 두지 말고 집으로 가져가세요. 그래야 재활용할 수 있어요!

2분 임무: 플라스틱을 전혀 사용하지 않고 영화 보는 날을 하루 정하세요.
10점

놀이공원에서 플라스틱과 싸우기

놀이공원으로 가 볼까요? 이번에는 어려운 도전이 될 수 있어요! 그러나 여러분이라면 할 수 있어요. 샌드위치, 재사용 가능한 물병, 집에서 만든 간식을 들고 플라스틱 없이 재미있게 롤러코스터를 타러 가요. 플라스틱 빨대를 거절하거나 종이 빨대를 가지고 가세요.

플라스틱 없는 패스트푸드

패스트푸드(fast food)라고 해서 꼭 플라스틱을 사용해야 하는 건 아니에요. 플라스틱 빨대와 포크는 줘도 받지 말고, 플라스틱 뚜껑이 없는 컵으로 달라고 하세요. 일회용 케첩 봉지나 소스통도 거절하세요.

2분 임무: 즐겨 찾는 패스트푸드점에 가서 플라스틱을 사용하지 않고 음식을 사 먹을 수 있는지 한번 확인해 보세요. 분명 할 수 있어요!
10점

가까운 미래의 패스트푸드? 유럽 연합에서는 패스트푸드 체인점의 일회용 플라스틱 사용을 엄격히 단속하고 있어요. 이제 플라스틱 없는 더 만족스러운 음식을 기대해 봐요!

파자마 파티에서 잠 잘 자기

친구네 집에서 파자마 파티를 할 때도 플라스틱을 사용하지 않고 즐겁게 놀 수 있어요. 재사용 가능한 물병과 케이크 담을 작은 통을 잊지 말고 챙겨 가면 돼요. 좋은 꿈 꿔요!

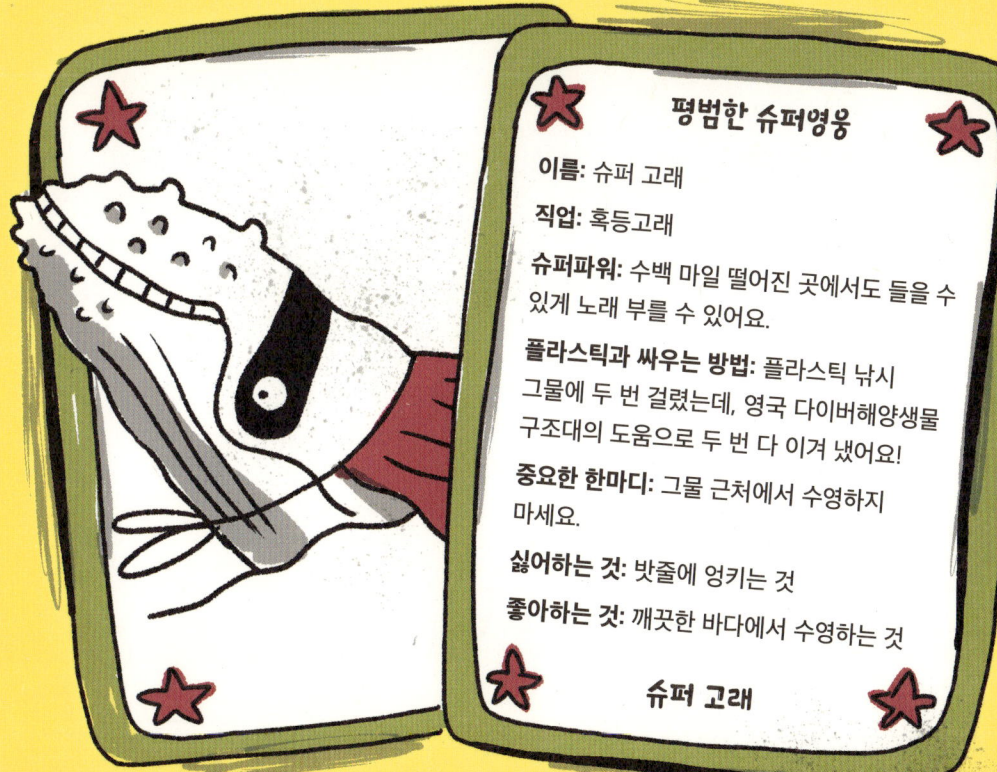

평범한 슈퍼영웅

이름: 슈퍼 고래

직업: 혹등고래

슈퍼파워: 수백 마일 떨어진 곳에서도 들을 수 있게 노래 부를 수 있어요.

플라스틱과 싸우는 방법: 플라스틱 낚시 그물에 두 번 걸렸는데, 영국 다이버해양생물구조대의 도움으로 두 번 다 이겨 냈어요!

중요한 한마디: 그물 근처에서 수영하지 마세요.

싫어하는 것: 밧줄에 엉키는 것

좋아하는 것: 깨끗한 바다에서 수영하는 것

슈퍼 고래

열네 번째 임무

용돈으로
플라스틱과 싸우기

여러분이 보통의 슈퍼영웅이라면 매년 262파운드 60펜스*(우리나라 돈으로 대략 38만 원)라는 어마어마한 용돈을 받고 있을 거예요. 평균적으로 일주일 용돈으로 5파운드 5펜스를 받는다는 말이지요. 여러분은 매주 토요일에 용돈을 받을 거고, 그중 70퍼센트 정도 저축할 거예요. 그렇죠?

달리 말하면 용돈의 일부는 물건을 사는 데 쓴다는 거죠. 이것은 중요한 문제예요. 용돈을 어떻게 사용하느냐는 플라스틱과의 싸움에서 매우 중요하답니다. 현명한 선택을 할 수 있다면 여러분도 더 나은 세상을 만드는 데 한몫 거들 수 있어요.

슈퍼영웅의 용돈 사용

제대로만 한다면 여러분은 슈퍼영웅도 되고 동시에 돈도 벌 수 있어요! 어떻게 하냐고요? 부엌과 욕실을 청소하거나 장보기를 돕거나 정원을 가꾸는 등 집안일을 도우면 용돈을 받을 수 있을 거예요. 이런 일들은 슈퍼영웅이 되기 위한 훈련의 일부로서 어쨌든 해야 하는 것들이에요! 슈퍼영웅이 되기 위한 훈련을 하면서 용돈도 버는 거 어때요?

* 영국 화폐 1파운드는 원화로 대략 1,400원에서 1,500원 사이예요. 펜스는 파운드의 하위 단위로 100펜스가 1파운드랍니다.

현명한 쇼핑으로 세상에 본을 보이기

여러분은 용돈을 주로 무엇에 쓰나요? 용돈은 여러분이 바라는 세상의 모습을 사람들에게 보여 줄 수 있는 기회가 될 수 있어요. 플라스틱으로 포장된 장난감과 사탕, 플라스틱으로 만든 장난감을 구매 목록에서 제외하는 것은 기업들에게 강력한 메시지를 전달할 수 있는 방법이랍니다. 비닐로 포장되어 있거나 사은품으로 플라스틱 장난감이 딸려 있는 만화책이나 잡지도 사지 마세요. 여러분도 깨지기 쉽거나 빨리 버릴 것 같은 물건은 처음부터 원하지 않겠지요.

2분 임무: 플라스틱으로 포장된 물건을 사는 데 더 이상 돈을 쓰지 마세요. 사탕을 사고 싶으면 포장 없이 다양한 맛을 내 맘대로 골라 살 수 있는 가게를 이용하세요. 장난감을 사고 싶으면 비닐 포장이 없고 오래 간직할 만한 것으로 고르세요.
20점

비닐 포장이 없는 사탕 사기

비닐로 포장된 사탕만 있는 게 아니에요. 여러 가지 사탕을 내 맘대로 골라 살 수 있는 사탕 가게를 찾아가 보세요. 비닐 포장만 조심하면 돼요. 집에서 가방이나 그릇을 가져갈 수도 있어요! 주석 상자에 담겨 나오는 사탕도 있고요.

참, 안에 플라스틱 장난감이 들어 있는 과자나 초콜릿도 피하세요. 우리 지구에게는 정말 끔찍한 제품이랍니다.

평생 가는 장난감 사기

많은 장난감이 플라스틱으로 만들어져요. 여기에서 중요한 것은 나중에 누군가에게 팔거나 물려줄 수 있는 오래가는 장난감을 사는 거예요. 그러려면 물건 살 때 신중하고, 더 비싼 것을 살 수 있게 저축하고, 많이 가지고 놀 수 있게 잘 부러지지 않는 장난감을 골라야 한답니다.

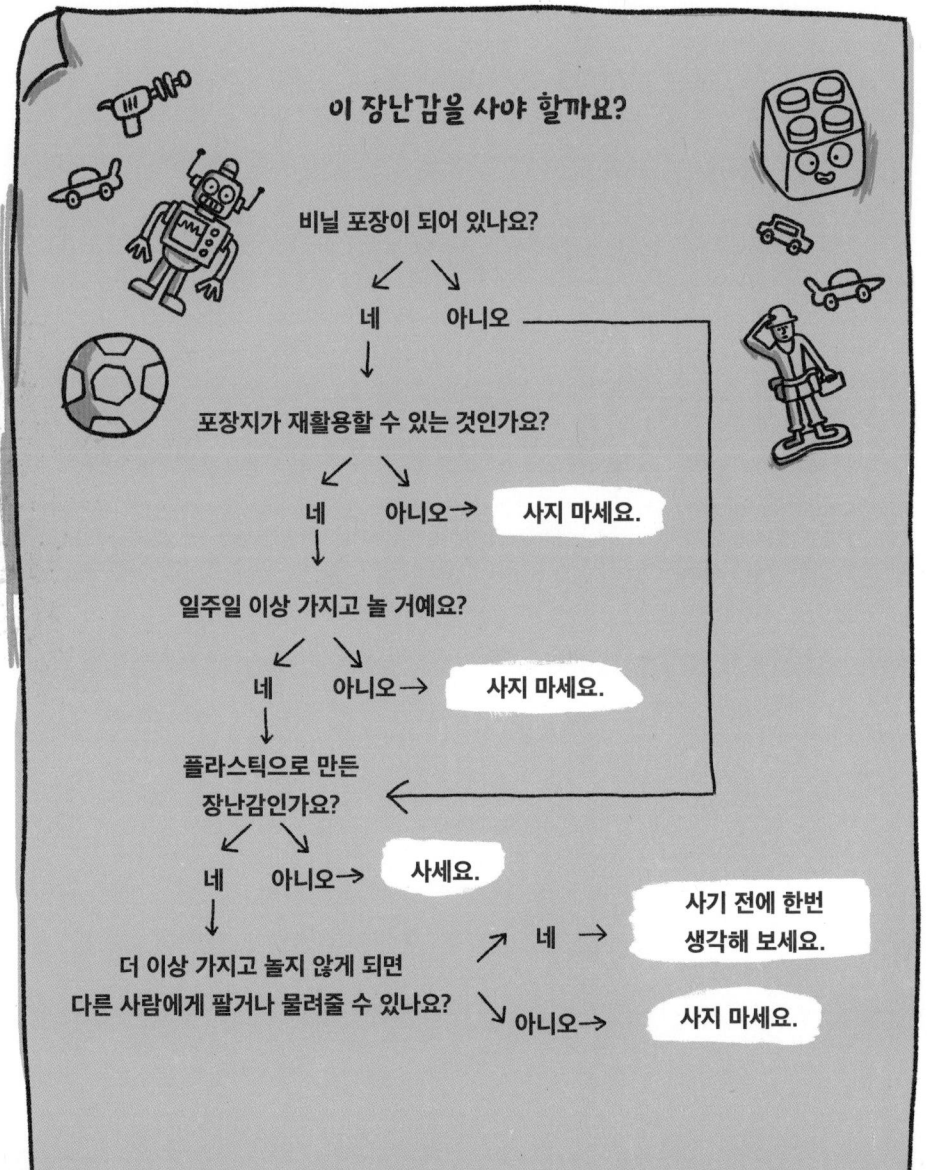

안 쓰는 물건으로 돈 벌기

더는 사용하지 않거나 불필요한 장난감이나 옷, 게임기, 책이 있다면 그것들을 팔아 용돈을 벌 수 있어요. 여러분의 물건이 좋은 집에 가서 다시 사용될 수 있다는 말이기도 해요. 더는 사용하지 않는다고 해서 그냥 버리는 것은 미친 짓이에요. 더군다나 누군가 그것을 무척 좋아할 수도 있잖아요.

중고 거래 웹 사이트나 '아름다운 가게' 같은 중고 상점을 알아보세요. 또래 친구를 돕는 자선 단체도 있고요. 가족들의 도움을 받으면 더 좋겠네요.

안 쓰는 물건으로 할 수 있는 것

옷
중고 거래 사이트에서 팔아요.
가게에 기부하고 할인받아요.
자선 단체에 기부해요.

책
온라인으로 팔아요.
학교에서 여는 아나바다 장터에서 팔아요.
자선 단체에 기부해요.

장난감
온라인으로 팔아요.
친척들에게 나눠 줘요.
아동 자선 단체나 장난감 도서관에 기부해요.

2분 임무: 학교에 아나바다 장터를 열자고 건의하세요. 안 쓰거나 필요 없는 책, 장난감, 옷을 친구들에게 팔 수 있고 돈도 벌 수 있어요.
40점

고쳐 쓰는 방법으로 플라스틱과 싸우기

장난감이 고장 나면 고쳐 쓰세요! 아주 간단해요. 그냥 버리지 마세요. 고치면 계속 사용할 수 있어요. 요즘 낡은 물건을 수선해 주는 수선 카페도 생겼어요. 굳이 새것을 살 필요도 없고 애지중지하던 물건을 오래 사용할 수 있으니 일석이조랍니다.

> 열다섯 번째 임무

경축일에 플라스틱과 싸우기

크리스마스까지 며칠 남았을까요? 부활절까지는요? 핼러윈(Halloween)까지는요? 몹시 기다려지네요! 그러나 안타깝게도 이런 경축일은 플라스틱을 낭비하는 축제가 되기 일쑤였어요. 플라스틱과 싸우고 싶다면 크리스마스, 핼러윈, 부활절을 이전과 조금 다르게 보내야 할 거예요. 그래도 좋은 소식은 부활절 달걀을 포기하지 않아도 된다는 거예요.

크리스마스 파티는 포기할 수 없지요

정말 다행이에요! 크리스마스 하면 뭐니 뭐니 해도 선물 교환을 하면서 함께 보내는 시간이죠. 그런데 언제부터인가 이런저런 물건, 반짝이 장식, 플라스틱 포장지가 크리스마스를 대표하게 되었어요. 이제 크리스마스의 본 모습을 되찾아야 할 때예요.

낭비에 관한 사실: 매년 크리스마스 때 영국에서만 대략 12만 5,000톤의 플라스틱 쓰레기가 생기는 것으로 추정된답니다.

선물 준비할 때 플라스틱 물리치기

선물을 주는 것은 상징적 의미가 큰 행위예요. 그러니까 플라스틱으로 만들거나 비닐로 포장된 물건을 사지 말고 집에서 직접 선물을 만들어 보세요. 사탕을 만들거나 쿠키를 구워도 좋아요. 사랑을 담아 선물을 전하세요. 바다는 그런 여러분에게 고마워할 거예요.

2분 임무: 가족에게 줄 선물을 만들어 종이나 신문, 아니면 장식할 때 썼던 종이를 활용해 포장하세요. 접착테이프를 사용하지 말고 종이 재질의 노끈으로 묶으세요.(접착테이프나 비닐 끈도 플라스틱이라는 사실을 잊지 마세요!)
30점

비닐 포장지, 더는 안 돼요!

한쪽 면이 반짝이는 은박으로 된 포장지 중에는 플라스틱 재질인 것도 많아요. 손으로 말아 보면 구별할 수 있지요. 말린 상태로 있으면 종이 재질이고 다시 펴지면 플라스틱 재질이랍니다. 종이 포장지로 골라 쓰세요. 그래야 나중에 재활용하거나 재사용할 수 있답니다.

포장지의 종착지: 해마다 총 36만 5,000킬로미터나 되는 포장지가 쓰레기 매립장으로 보내지고 있어요.

영원한 크리스마스트리

크리스마스트리를 만들기 위해 우리는 매년 수백만 그루의 나무를 베거나 플라스틱으로 만든 가짜 나무를 구입하고 있답니다! 얼마나 큰 낭비예요. 만약 인조 나무를 원한다면 중고 제품을 사서 매년 재사용해 보세요. 그러나 이왕이면 화분에 심겨진 진짜 나무로 구입하세요. 더 좋은 것은 나무뿌리나 나뭇가지를 구해서 나만의 크리스마스트리를 만드는 것이랍니다.

크리스마스트리 장식하기

금색으로 반짝이는 방울이나 반짝이 줄, 전구 등을 전혀 사용하지 않고도 비스킷, 말린 레몬이나 오렌지 조각, 종이 사슬 장식으로 크리스마스트리를 장식할 수 있답니다. 이런 크리스마스 장식은 집에서 쉽게 만들 수 있고, 또 재미도 있어요.

2분 임무: 집안을 꾸밀 수 있는 종이 사슬 장식을 만들어 보세요.
10점

플라스틱과 싸우는 크리스마스

크리스마스에 사용하지 말아야 할 것들이에요.

- 🎄 반짝이 줄
- 🎄 플라스틱 방울
- 🎄 반짝거리는 장식물
- 🎄 비닐 포장지, 은박 포장지
- 🎄 접착테이프
- 🎄 선물 상자
- 🎄 가게에서 산 카드(특히 반짝이 가루가 박혀 있는 카드)
- 🎄 폭죽
- 🎄 비닐 포장지
- 🎄 플라스틱 빨대
- 🎄 일회용 컵, 접시, 포크, 스푼

플라스틱 없는 크리스마스 정말 좋아요

플라스틱 없이 크리스마스 분위기를 낼 수 있는 아이템들이 있어요.

- 🎄 뿌리 달린 진짜 나무
- 🎄 낡은 잡지나 신문으로 만든 종이 사슬 장식
- 🎄 수제 장식
- 🎄 집에서 만든 크리스마스 폭죽(썰렁 개그가 적힌 쪽지가 들어 있어도 좋겠지요.)
- 🎄 직접 만든 카드
- 🎄 풀칠해 놓은 종이띠와 종이끈
- 🎄 신문지나 갈색 종이로 만든 포장지
- 🎄 선물용으로 집에서 만든 물건들

핼러윈하면 떠오르는 무서운 것은?

핼러윈하면 떠오르는 무서운 것은 사람 시체를 먹는 악귀가 아니에요. 정말 무서운 것은 플라스틱이에요! 쓰레기 처리 회사들은 핼러윈을 무척 싫어한답니다. 입었다가 버린 핼러윈 의상, 플라스틱 해골바가지, 싸구려 공포 장식 같은 쓰레기가 굉장히 많이 생기기 때문이지요. 올해 핼러윈에는 안 입는 낡은 옷으로 의상을 만드는 게 어떨까요? 엄마 옷장에서 무서운 의상을 만들 수 있는 재료를 분명 찾을 수 있을 거예요. "사탕 줄래요, 골탕 먹을래요(trick or treat)"라고 외치며 사탕 얻으러 다니는 아이들을 위해 초콜릿과 사탕을 준비할 때도 비닐 포장이 아닌 종이나 은박지로 포장된 것으로 준비하세요. 간단하죠!

무서운 사실: 영국에서 해마다 버려지는 핼러윈 의상은 대략 1만 2,500톤에 달한답니다.

2분 임무: 매일 입는 평상복으로 핼러윈 의상을 만들어 보세요. 아주 우스꽝스러운 옷은 빌리세요. 무서운 머리 장식이나 얼굴 화장을 활용하면 정말 무서운 핼러윈 의상을 완성할 수 있어요. 플라스틱을 사용하지 않고 핼러윈을 보내는 것이 이번 임무랍니다.
20점

플라스틱 없는 부활절

부활절에 대해서 여전히 모르는 게 많아요. 부활절 토끼는 왜 있을까요? 왜 달걀을 주고받는 걸까요? 아하! 봄이 오고 새 생명이 태어나는 것을 축하하기 위해서군요. 플라스틱이 야생동물에 해를 입힌다는 사실을 생각하면 부활절에 사용하는 플라스틱에 대해 다시 한번 깊이 생각해 볼 필요가 있어요.

저 좀 꺼내 주세요!

플라스틱 포장에서 탈출!

부활절 달걀은 내용물이 흔들리지 않도록 여러 겹의 비닐로 포장되어 있는 경우가 많아요. 그렇다고 다 그런 것은 아니에요. 종이나 은박지에 포장된 달걀도 있어요. 둘 다 100퍼센트 재활용이 가능하답니다.

계란으로 발생하는 쓰레기: 영국에서는 매년 약 1억 4,800만 개의 부활절 계란이 판매되고 있고, 이 때문에 발생하는 플라스틱 쓰레기는 3,000톤이 넘어요.

2분 임무: 이번 부활절에 먹을 초콜릿은 반드시 비닐 포장이 없는 것으로 구입하기로 해요. 부활절 달걀도 현명하게 고르세요!
10점

*영국에서는 부활절에 토끼 모양 초콜릿을 선물해요. 부활절 행사를 치르지 않는 친구들은 생일 선물을 고를 때 임무를 수행하세요.

열여섯 번째 임무

플라스틱을 멀리하는 파티!

이제 축하 파티를 열어야 할 때가 되었어요. 마침내 플라스틱과 싸우는 기나긴 여정의 막바지에 이르렀고 슈퍼영웅이라는 지위가 여러분을 기다리고 있으니까요. 그러니 파티를 열어요! 플라스틱 쓰레기가 생기지 않는 파티면 좋겠지요. 파티가 끝난 후, 재활용할 물건 외에 멋진 추억과 졸린 눈, 춤추느라 힘 빠진 두 다리만 남는 그런 파티요. 즐길 준비되었나요? 모든 #2분슈퍼영웅을 위한 플라스틱을 멀리하는 파티랍니다!

2분 임무: 다음에 생일파티나 축하할 일이 있으면 플라스틱을 멀리하는 파티로 준비하세요! 신중하게 계획해서 직접 장식을 만들고 파티 음식도 만들어 보세요! 이 책의 설명을 참조하면 도움이 될 거예요.
150점

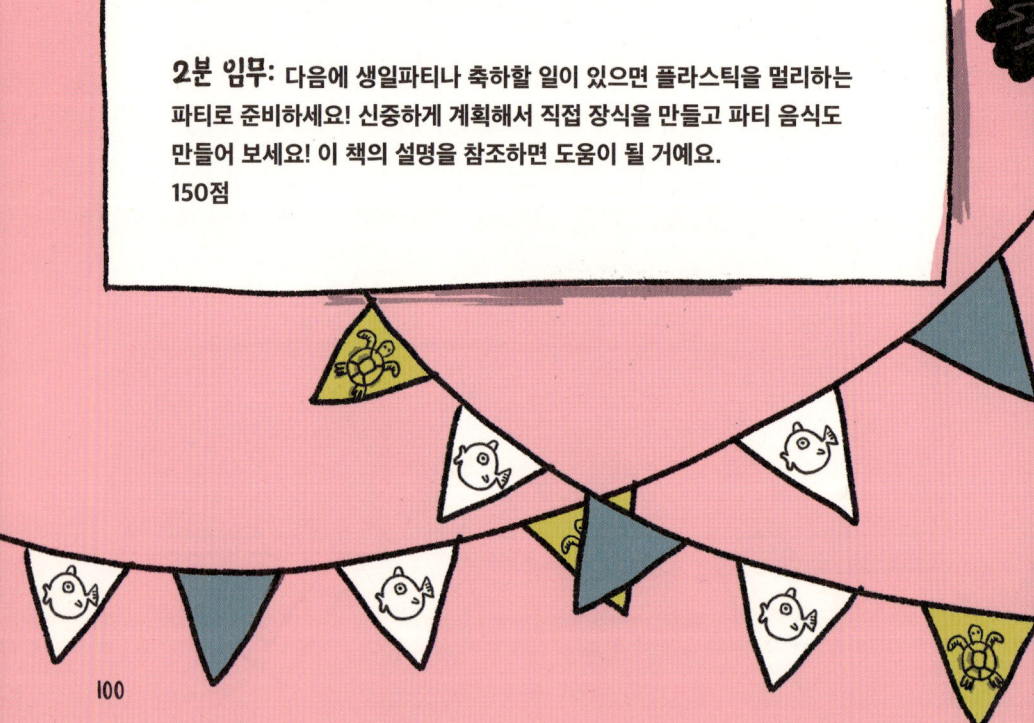

사악한 파티 악당들

- **축하 폭죽:** 모두에게 미안하지만 폭죽을 터트리는 파티는 안 돼요. 폭죽은 다 플라스틱이잖아요!

- **풍선:** 안타깝더라도 풍선 장식을 다는 습관을 없애야 할 거예요. 아무리 생분해성 재질로 만든 풍선이라고 해도 야생동물에게는 치명적이랍니다.

- **반짝이 가루:** 반짝이 가루는 재미있는 아이템이지만 배수구로 들어가는 순간 곧바로 바다로 흘러 들어가는 위험한 미세 플라스틱이 되지요.

- **파티백*:** 플라스틱 파티백은 안 돼요. 플라스틱 장난감, 비닐 포장된 조각 케이크, 개별 포장된 막대 사탕이나 과자류는 모두 피하세요.

- **파티 음식:** 파티에서 제공되는 많은 음식이 플라스틱 그릇에 담겨 나와요. 피자부터 케이크에 이르기까지 마트에서 사온 음식은 먹을 것보다 플라스틱이 더 많은 것처럼 보여요. 맞서 싸워요!

* 생일 파티에 온 어린이 손님에게 문구류나 사탕, 초콜릿 같은 것을 담아 고마움의 표시로 주는 가방이에요.

- **플라스틱 식기:** 안 돼요! 일회용 접시, 포크, 나이프, 스푼 같은 플라스틱으로 만든 물건들은 재활용할 수 있지만 처음부터 사용하지 않는 것이 더 좋아요.

- **빨대:** 파티에서 플라스틱 빨대는 아예 꺼내 놓지 마세요.

깜짝 놀랄 사실: 거북이들 눈에는 풍선과 비닐 봉투가 가장 좋아하는 먹이인 해파리처럼 보인대요.

평범한 슈퍼영웅

이름: 밥

직업: 바다거북

슈퍼파워: 해변에 알을 낳기 위해 2,500킬로미터 이상을 헤엄쳐 갈 수 있어요.

플라스틱과 싸우는 방법: 나는 사람들에게 구조되어 배 속에 들어 있는 풍선과 비닐봉지를 모두 뱉어 내기 위한 처치를 받았어요.

중요한 한마디: 풍선을 아무 데나 버리지 마세요! 생분해되는 재질로 된 풍선이라도 해양 동물에게 해로울 수 있어요.

싫어하는 것: 먹이처럼 보이는 풍선

좋아하는 것: 맛있는 해초

밥

착한 파티 용품

- **집에서 직접 만든 장식:** 종이 사슬이나 종이 전등은 만들기 쉽고 재미있어요. 무엇보다 좋은 점은? 재활용할 수 있다는 거죠!

- **깃발 장식:** 색종이나 잡지에 끈을 매달아 만든 종이 깃발 장식은 정말 멋져요. 안 쓰는 천이나 리본을 꿰매서 만들 수도 있어요!

- **종이 식탁 장식:** 신문지를 식탁보나 포장지로 사용하면 아주 멋지답니다. 비슷한 종이를 잡화점에서 두루마리로 구입할 수도 있어요. 탁자 위에 크레파스를 올려 두고 친구들에게 낙서하라고 해 보세요!

- **종이로 만든 파티백:** 종이 파티백은 앉은 자리에서 당장이라도 만들 수 있어요! 갈색 종이가방과 케이크 포장용 키친타월 그리고 공책, 종이 가면, 연필 같이 플라스틱과 거리가 먼 장난감을 가지고 만들어 보세요.

- **진짜 파티 음식:** 비닐 포장 음식을 피하면서 파티 음식을 준비하는 것은 그다지 어렵지 않아요. 하지만 노력이 필요해요. 샌드위치나 김밥, 쿠키, 케이크를 직접 만들어 보세요.

- **식기:** 일반 접시를 사용하면 나중에 씻으면 되기 때문에 굳이 플라스틱 접시를 사용할 필요가 없어요. 생각해 보세요! 접시가 더 필요하면 친구네 집에서 빌려 쓰세요.

- **빨대:** 빨대 없이 파티를 열 수 없다고요? 마트에서 종이 빨대를 사면 돼요. 환상적이죠!

평범한 슈퍼영웅

이름: 돌리

직업: 온라인 활동가

슈퍼파워: 기술을 이용할 줄 알아요.

플라스틱과 싸우는 방법: 사람들이 풍선을 날려 보내거나 플라스틱 제품을 사지 않도록 홍보하는 온라인 운동을 펼치고 있어요.

중요한 한마디: 덜 사고, 덜 쓰고, 더 많이 재사용하세요.

싫어하는 것: 풍선과 스포츠 음료 병뚜껑

좋아하는 것: 해변에서 즐기는 소풍

돌리

추가 임무

직접 목소리 내어 플라스틱과 싸우기

여러분은 #2분슈퍼영웅 훈련을 아주 훌륭하게 끝마쳤어요! 하지만 최종 마무리를 하기 전에 마지막으로 해야 할 임무가 하나 남아 있어요. 간단하지만 그야말로 엄청난 변화를 가져올 수 있는 임무예요. 바로 힘 있는 사람들에게 플라스틱에 대한 여러분의 생각을 알리는 것이랍니다. 편지 양식을 소개할 테니 그것을 이용해 시작해 보세요.

2분 임무: 플라스틱과 싸우기 위해 여러분이 벌이는 활동에 영향을 미치거나 관련된 결정을 내릴 수 있는 사람들에게 편지나 이메일을 보내세요. 상대는 국회의원이나 지방의회 의원일 수도 있고, 학교 선생님이나 교장선생님일 수도 있어요. 여러분이 플라스틱에 대해 걱정하는 점, 그분들에게 바라는 점 그리고 그 이유에 대해 설명하는 거예요. 힘내세요! 중요한 것은 바로 여러분 자신의 목소리랍니다.
100점

우리나라의 국회의원, 지방의원 명단은 아래 사이트에서 확인할 수 있어요.
clik.nanet.go.kr
메뉴 → 의원현황 → 국회의원현황
　　　　　　　　→ 지방의회 의원현황

존경하는 (이름) 님께

안녕하세요. 저는 (학교 이름)에 다니는 (나이)살 (이름)입니다. 플라스틱과 관련해서 드리고 싶은 말이 있어 이렇게 글을 쓰게 되었어요.

우리가 플라스틱 제품을 많이 생산하고 사용하고 있지만 관리가 제대로 이루어지지 않기 때문에 저는 우리의 미래와 바다의 건강이 무척 걱정된답니다. 플라스틱이 바다로 흘러 들어가는 것을 막기 위해 플라스틱의 재활용을 더욱 활성화시키고, 일상생활에서 플라스틱 사용을 줄이고, 플라스틱 재질의 물건을 더 이상 만들지 않는 등 우리가 할 수 있는 모든 일을 해야 한다고 생각해요.

저는 플라스틱과 싸우겠다고 굳게 다짐했어요. 이런 저에게 힘이 실어 주세요. 먼저 바다를 오염시키는 기업들을 찾아내 주셨으면 좋겠어요. 그리고 기업들이 불필요한 플라스틱을 제공하지 않도록 막고, 폐플라스틱을 재활용한 소재의 제품을 많이 생산하도록 장려하는 법을 만들어 주세요.

모든 일회용 플라스틱 제품을 금지하는 즉각적인 조치와 지역에 상관없이 모든 사람에게 똑같이 적용되는 복잡하지 않은 재활용 제도가 필요하다고 생각해요. 그것도 당장이요.

저를 위해 그리고 미래를 위해 도와주실 수 있죠?

그러길 바랍니다. 이 편지에 대한 답장으로 플라스틱에 대한 맹세의 글을 보내 주시면 감사하겠습니다.

(이름) 드림

임무 완수

이제 두 눈을 감고 상상해 보세요.

여러분은 아주 깨끗한 해변에 서서 플라스틱 쓰레기 한 점 떠다니지 않고 생동감 있게 넘실대는 드넓은 바다와 파도를 경이로워 하면서 바라보고 있어요. 고래들이 등으로 물을 뿜어대고 돌고래들이 빙빙 돌며 춤추고 있지요. 날치는 햇빛에 반짝이는 수면 위를 스치듯 날아가요. 파도 밑에서 물고기와 물개가 춤을 추고, 머리 위로 바닷새들이 소리 지르며 싸우고 있어요. 어린 바다오리는 산들바람에 미친 듯이 날갯짓을 하며 태어나서 처음으로 하늘을 날고 있지요.

상쾌한 공기와 해초 냄새가 코를 간질이고 따뜻한 바람이 살결에 와 닿아요. 입술에서는 소금기가 느껴지고 파도가 부딪히는 소리가 들릴 거예요.

바다는 아름다워요. 어디에 살고 있든 여러분은 그런 바다의 일부분이지요. 갑자기 바다거북 한 마리가 눈앞에 나타나 여러분을 조금 놀라게 해요. 그 바다거북이 웃으면서 말하네요. "고마워!"

마침내 해냈어요.
기분 어때요?
이제 여러분은 #2분슈퍼영웅이랍니다.
임무 완수!

여러분의
슈퍼영웅 점수는
몇 점일까요?

슈퍼영웅 점수

훈련을 마쳤으니까 이제 여러분이 어떤 슈퍼영웅인지 알아봐야 할 차례예요. 임무를 완수할 때마다 모은 점수의 총합을 구해 봐요.

첫 번째 임무: 나쁜 물질에 대해 알아보기

매일 사용하는 좋은 플라스틱 물품 다섯 가지를 찾아보세요.
10점

한 번만 사용하고 버려지는 나쁜 플라스틱 물품 다섯 가지를 찾아보세요.
20점

합계: 30점

두 번째 임무: 쓰레기통 속 플라스틱과 싸우기

음식물 쓰레기통을 꺼내서 퇴비를 만들어 봐요. 퇴비 만드는 방법은 여덟 번째 임무에 나와 있어요.
30점

쓰레기 차트를 만들어 쓰레기봉투를 밖에 내놓을 때마다 표시하세요. 매주 집에서 배출되는 쓰레기봉투가 몇 개인지 살피고 절반으로 줄일 수는 없는지 고민해 보세요.
50점

가까운 곳에 있는 자원회수시설을 방문하세요.
50점

일반 플라스틱 빨대, 바이오플라스틱 빨대, 종이 빨대 이렇게 세 가지 종류의 빨대를 준비하세요. 화분에 흙을 채운 후 절반 깊이만큼 빨대들을 꽂아요. 2주 후에 어떤 일이 일어나는지 확인해 보세요!
20점

합계: 150점

세 번째 임무: 공원의 플라스틱과 싸우기

#2분쓰레기줍기를 하세요. 집에서 학교까지 걸어가거나 공원을 산책할 때 2분 동안 쓰레기를 주워 낡은 쇼핑백에 담으세요. 재활용할 수 있는 것은 재활용하고 나머지는 쓰레기통에 버리세요. 2분 동안 얼마나 주웠나요?
20점

합계: 20점

네 번째 임무: 책가방 속 플라스틱과 싸우기

볼펜을 자진 신고하세요! 친구들에게 책가방에서 소지품을 모두 꺼내라고 해서 낡은 볼펜들을 모아 보세요. 그런 다음 선생님에게 도와 달라고 해서 수집한 볼펜을 www.terracycle.co.uk를 통해 빅사로 보내세요. 빅사에서는 다 쓴 볼펜을 재활용할 거예요. 그 과정에서 여러분은 점수도 얻고 돈도 벌 수 있어요.
80점

여러분의 학교에는 물병에 물을 채울 수 있는 식수대나 정수기가 있나요? 있다면 물병을 채우세요. 없다면 학교에 건의해 보는 것은 어떨까요? 부모님과 친구 부모님에게 건의서에 서명해 달라고 부탁할 수 있어요.
30점

즐겨 먹는 사탕이 비닐 포장지에 싸인 것이라면 안타깝지만 이제 그만 사야 할 거예요. 바꿔 말해 다른 사탕을 사러 갈 시간이라는 말이지요. 자신에게 사탕 한 상자를 선물하세요. 얼른 다양한 맛의 사탕을 골라 담아요!
10점

과자 봉지를 모두 모으세요. 여러분이 먹은 것과 친구들 것까지 모두요. 선생님에게 도와 달라고 해서 과자 봉지 재활용 점수 제도를 만드세요. 과자 봉지를 재활용할 수 있도록 수거해서 보내는 거예요. 게다가 선생님께 점수도 받는 거죠. 짠! 이제 쓰레기는 그만! 자세한 내용은 www.walkers.co.uk/recycle에서 알아 보세요.
80점

합계: 200점

다섯 번째 임무: 점심시간에 플라스틱과 싸우기

소풍날 친구 세 명에게 도시락을 보여 달라고 하세요. 여러분 도시락도 친구들에게 보여 주세요. 친구들 도시락에 플라스틱이 들어 있나요? 도시락에서 플라스틱 제품을 하나 이상 줄이겠다고 약속하세요.
10점

학급 친구들에게 또는 조회 시간에 #2분슈퍼영웅의 임무에 대해 이야기할 수 있는지 선생님께 여쭤보세요. 플라스틱을 줄이기 위해 어떤 노력을 하고 있는지, 왜 하는지 직접 설명하는 거예요. 친구들에게 도와 달라고 하고, 돕겠다는 서면 약속을 받으세요.
50점

여러분의 학교에는 요구르트 병, 빨대, 음료수 병 같은 일회용 플라스틱에 대한 재활용 점수 제도가 있나요? 없다면 하나 만들어요! 담임선생님과 교장선생님께 허락을 구하는 거예요. 쓰레기를 분리 배출하는 법을 누구나 알 수 있게 표지를 만들어 붙이세요.

40점

합계: 100점

여섯 번째 임무: 마트에서 플라스틱과 싸우기

장 보는 일을 돕겠다고 하세요. 그러면 식료품을 살 때 가족 구성원으로서 목소리를 낼 수 있을 거예요.

20점

쇼핑할 때 플라스틱 포장재를 사용하지 않은 제품으로 선택하세요. 그러면 쓰레기가 생기지 않아요!

40점

합계: 60점

일곱 번째 임무: 부엌에서 플라스틱과 싸우기

여러분은 비닐 봉투 감시 경찰이 될 거예요! 비닐 봉투 사용에 대해 조금도 봐주지 않겠다고 선언하고, 가족 누구든 어떤 이유에서도 비닐 봉투를 사용하지 못하게 하는 것이지요. 에코백을 자동차 안과 싱크대 밑에 넣어 두거나 늘 갖고 다니세요. 비닐 봉투를 사용하는 가족이 있으면 벌금으로 만 원을 내라고 하세요.

20점

플라스틱 수세미를 코코넛 껍질이나 금속으로 만든 수세미로 바꾸고, 플라스틱 대신 면으로 만든 행주를 사용하세요.

30점

가장 좋아하는 시리얼 박스 가운데 용량이 가장 큰 것과 가장 작은 것을 하나씩 찾으세요. 각각 한 상자에 시리얼이 몇 그릇 들어 있는지 알아보고 100그릇을 채우려면 몇 상자가 필요한지 계산해 보세요.
10점

어른과 함께 밀랍 포장지를 만들어 보세요. 가장 밝은 색의 면으로 된 천을 구해서 밀랍을 칠해요. 밀랍은 인터넷에서 구입할 수 있어요. 만일 꿀벌 밀랍을 사용하기 싫다면 식물 기반 밀랍을 쓰세요. 거기다 송진을 추가하면 달라붙는 성질이 있는 포장재를 만들 수 있답니다.
40점

합계: 100점

여덟 번째 임무: 정원에서 플라스틱과 싸우기

두 번째 임무에서 만든 퇴비를 사용해 봐요. 화분에 퇴비를 조금 넣고 해바라기 씨를 심어요. 해바라기가 얼마나 높이 자라는지 관찰하세요!
20점

투명 플라스틱 병을 반으로 자른 다음, 바닥에 퇴비를 깔아 주세요. 가장자리를 따라 완두콩 세 알을 심으세요. 물을 준 뒤에 창틀에 올려두세요. 완두콩 싹이 트고 줄기가 자라는 것을 직접 볼 수 있을 거예요. 충분히 자라면 더 큰 화분에 옮겨 심으세요. 어린 싹을 잘라 내 샐러드에 넣어 먹어도 되고, 콩이 여물 때까지 기다렸다가 콩을 먹어도 된답니다.
20점

선생님에게 채소 재배 동아리를 만들거나 교실에서 채소를 키우고 싶다고 말하세요. 채소가 먹을 수 있을 만큼 자라면 가지고 온 플라스틱 통이나 접시나 그릇에 담은 뒤 집으로 가지고 가요.
20점

합계: 60점

아홉 번째 임무: 욕실에서 플라스틱과 싸우기

세상에서 가장 빨리 자라는 나무이자 지속가능성이 가장 높은 재료인 대나무로 만든 칫솔을 써 보세요. 다 쓴 대나무 칫솔은 퇴비 만드는 데 사용할 수 있지요.

20점

유리 용기에 담긴 치약이나 알약 형태의 치약을 사용해 보세요. 익숙하지는 않겠지만 분명 효과가 있을 거예요. 아침저녁으로 하루 두 번 플라스틱과 싸울 수 있는 멋진 방법이잖아요!

20점

펌프통에서 나오는 물비누 대신에 종이로 포장된 고체 비누를 쓰세요.

10점

샴푸바(shampoo bar)라고 하는 비누 모양의 고체 샴푸를 써 보세요. 그리고 바디 워시 대신 일반 비누를 쓰세요..

10점

동네 마트에서 종이로 포장된 두루마리 화장지를 찾아보세요.

10점

나무 막대기로 된 면봉을 찾아보세요. 면봉이 필요할 때 그걸 구입하세요.

10점

합계: 80점

열 번째 임무: 화장실에서 플라스틱과 싸우기

담임선생님께 지역 하수처리장을 견학시켜 달라고 하세요. 재미없을 것 같지만 사실은 아주 흥미로운 경험이 될 거예요.

100점

여러분이 주기적으로 이용하는 화장실마다 "변기 안에는 오줌, 똥, 구토물, 화장지만 버리세요. 감사합니다!"라고 쓴 팻말을 걸어 두세요.
20점

가족들이 4P가 아닌 것을 변기로 내려보내고 있다면 그런 것을 따로 버릴 수 있는 뚜껑 달린 쓰레기통을 변기 옆에 놓아도 되는지 물어 보세요. 통에 버려진 물건들은 쓰레기로 버리거나 재활용할 수 있어요.
20점

가족들이 물티슈를 사용하고 있다면 변기에 그냥 버리지 않도록 주의시키는 메모를 화장실에 써 붙이세요!
10점

합계: 150점

열한 번째 임무: 옷장 속 플라스틱과 싸우기

낡은 옷에 난 구멍을 바느질로 꿰매는 법을 배우세요.
10점

합성섬유로 만든 옷과 천연섬유로 만든 옷을 분리해서 세탁하고, 합성섬유 옷은 빠는 횟수를 줄이세요.
10점

특수 제작된 세탁망이나 세탁 공을 이용해 세탁기 안 미세 플라스틱 섬유를 걸러내고, 걸러낸 섬유는 따로 버리세요.
10점

학교나 동아리 활동으로 의류 교환 행사를 열어 보세요. 자주 입지 않은 옷을 가지고 와서 친구와 서로 바꾸는 거예요.
10점

안 입는 옷을 이용해 여러분만의 #2분슈퍼영웅 복장을 만들어 보세요.
10점

합계: 60점

열두 번째 임무: 축구장, 테니스 코트, 육상 트랙, 운동장에서 플라스틱과 싸우기

여러분의 운동 경기는 플라스틱 제로 경기라고 공개적으로 알리세요. 간식을 가져갈 거면 집에서 만든 쿠키나 김밥을 가져가세요. 그리고 항상 재사용할 수 있는 물병을 챙겨 가는 거 잊지 마세요!
20점

경기가 끝나면 모두 다함께 쓰레기를 주워요. 봉투를 가지고 가서 쓰레기를 주워 담아요. 재활용할 수 있는 것은 재활용하세요. 경기 내용이 어떻든 결국 승자는 바로 여러분이 될 거예요.
30점

점심시간에 봉투 한 장을 들고 운동장 주변을 돌면서 플로깅을 해 보세요!
30점

합계: 80점

열세 번째 임무: 외출했을 때 플라스틱과 싸우기

#2분해변청소를 하고 어떤 쓰레기들이 나오는지 보세요. 비닐 봉투, 플라스틱 병과 뚜껑, 면봉, 물티슈, 낚시 그물 조각이 있는지 보세요. 자주 발견되는 쓰레기들이거든요. 레고 블록, 장난감 병정, 낚싯줄, 낡은 슬리퍼도 찾아보세요.
10점

플라스틱을 전혀 사용하지 않고 영화 보는 날을 하루 정하세요.
10점

즐겨 찾는 패스트푸드점에 가서 플라스틱을 사용하지 않고 음식을 사 먹을 수 있는지 한번 확인해 보세요. 분명 할 수 있어요!
10점

합계: 30점

열네 번째 임무: 용돈으로 플라스틱과 싸우기

플라스틱으로 포장된 물건을 사는 데 더 이상 돈을 쓰지 마세요. 사탕을 사고 싶으면 포장 없이 다양한 맛을 내 맘대로 골라 살 수 있는 가게를 이용하세요. 장난감을 사고 싶으면 비닐 포장이 없고 오래 간직할 만한 것으로 고르세요.
20점

학교에 아나바다 장터를 열자고 건의하세요. 안 쓰거나 필요 없는 책, 장난감, 옷을 친구들에게 팔 수 있고 돈도 벌 수 있어요.
40점

합계: 60점

열다섯 번째 임무: 경축일에 플라스틱과 싸우기

가족에게 줄 선물을 만들어 종이나 신문, 아니면 장식할 때 썼던 종이를 활용해 포장하세요. 접착테이프를 사용하지 말고 종이 재질의 노끈으로 묶으세요.(접착테이프나 비닐 끈도 플라스틱이라는 사실을 잊지 마세요!)
30점

집안을 꾸밀 수 있는 종이 사슬 장식을 만들어 보세요.
10점

매일 입는 평상복으로 핼러윈 의상을 만들어 보세요. 아주 우스꽝스러운 옷을 빌리세요. 무서운 머리 장식이나 얼굴 화장을 활용하면 정말 무서운 핼러윈 의상을 완성할 수 있어요. 플라스틱을 사용하지 않고 핼러윈을 보내는 것이 이번 임무랍니다.
20점

이번 부활절에 먹을 초콜릿은 반드시 비닐 포장이 없는 것으로 구입하기로 해요. 부활절 달걀도 현명하게 고르세요!
10점

합계: 70점

열여섯 번째 임무: 플라스틱을 멀리하는 파티!
다음에 생일파티나 축하할 일이 있으면 플라스틱을 멀리하는 파티로 준비하세요! 신중하게 계획해서 직접 장식을 만들고 파티 음식도 만들어 보세요! 이 책의 설명을 참조하면 도움이 될 거예요.
150점

합계: 150점

추가 임무: 직접 목소리 내어 플라스틱과 싸우기
플라스틱과 싸우기 위해 여러분이 벌이는 활동에 영향을 미치거나 관련된 결정을 내릴 수 있는 사람들에게 편지나 이메일을 보내세요. 상대는 국회의원이나 지방의회 의원일 수도 있고, 학교 선생님이나 교장선생님일 수도 있어요. 여러분이 플라스틱에 대해 걱정하는 점, 그분들에게 바라는 점 그리고 그 이유에 대해 설명하는 거예요. 힘내세요! 중요한 것은 바로 여러분 자신의 목소리랍니다.
100점

합계: 100점

여러분은 어떤 슈퍼영웅인가요?

#2분임무를 모두 완수했다면 이제 점수를 더해 총점을 구해 보세요. 여러분은 어떤 유형의 #2분슈퍼영웅일까요?

0~499점

나와 같은 유형의 슈퍼영웅이군요. 열심히 노력해서 이 자리까지 왔지요. 그 점이 중요하답니다. 진정한 변화를 일으킬 수 있게 충분히 많은 임무를 완수했어요. 배려심이 있고 다른 사람에게 영향을 주기 위해 노력하는 유형이죠. 자신의 목소리로 세상을 바꾸려고 하고 있어요.

이제 지금까지 이룬 진전을 최대한 활용하면서 바다를 살리기 위해 더 많은 일을 해야 할 때예요. 망토를 입고 가면을 쓰고 세상으로 나가 우리별 지구를 위해 더욱 많은 일을 해야 할 때가 되었답니다. 여러분이 하는 모든 일이 중요한 변화를 가져올 거예요!

여러분은 별 3개 슈퍼영웅입니다.

500~999점

슈퍼영웅이 해야 할 일을 모두 이해하고 있군요! 대부분의 임무를 완수했기 때문에 훌륭한 슈퍼영웅이 될 거예요. 바다에 대한 진정한 헌신과 야생의 모든 생명체에 대한 애정을 보여 줬지요. 돌고래와 고래, 물고기 모두 여러분에게 고마워하고 있어요.

다음 할 일은 나머지 임무를 완수하고 바다의 미래를 위해 남은 모든 힘을 보태는 거예요. 여기까지 왔다는 것은 신중하게 플라스틱과 싸울 줄 아는 전사가 되었다는 말이에요! 끝까지 해낼 수 있어요. 힘내세요!

여러분은 별 4개 슈퍼영웅입니다.

1,000~1,500점

이럴 수가! 슈퍼영웅의 영웅이네요. 이제 막 듣게 될 이 모든 찬사를 듣고도 밤에 잠을 잘 수 있을까요? 여러분은 플라스틱과의 싸움이 담고 있는 투쟁 정신을 온 마음으로 받아들이고 가슴 속의 평범한 슈퍼영웅과 생각을 나눴어요. 여러분 혼자 힘으로 돌고래와 물개, 고래와 바닷새들을 플라스틱으로부터 구해 냈어요. 여러분은 대단한 일을 하고 있어요. 여러분의 행동은 다른 모든 슈퍼영웅의 행동과 함께 진정한 변화를 만들어 냈어요.

최고의 점수예요! 고맙고, 장하네요.

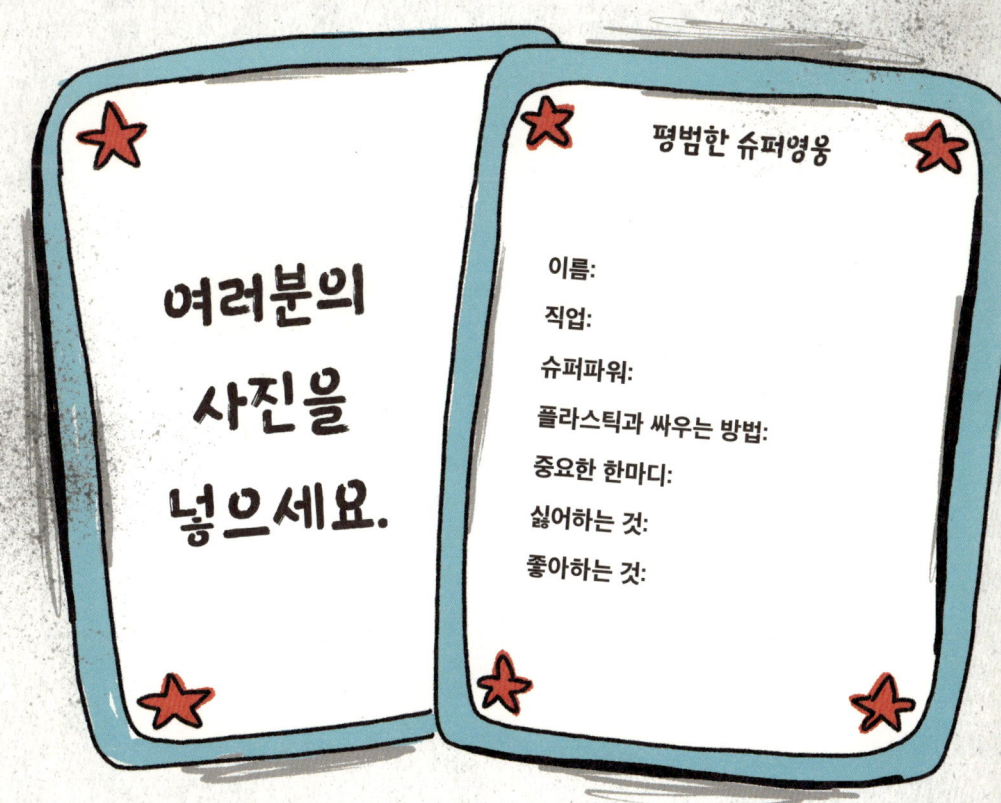

플라스틱과의 싸움에 관해 더 알아보기

더 많은 것을 알고 싶다고요? 훌륭하네요! 다음을 참조하세요.

캠페인 및 실천운동을 벌이는 곳

플라스틱을 반대하는 아이들(Kids Against Plastic): 아이들이 세운 아이들을 위한 자선 단체
kidsagainstplastic.co.uk

오물에 반대하는 서퍼들(Surfers Against Sewage): 바다, 해변, 야생동물 보호를 위한 자선 단체
sas.org.uk

그린피스(Greenpeace): 플라스틱이 바다로 흘러 들어가는 것을 막기 위한 캠페인을 벌이고 있는 국제적인 환경 보호 단체
greenpeace.org.uk/challenges/plastic-pollution

깨끗한 영국 만들기(Keep Britain Tidy): 영국을 청결한 나라로 만들기 위한 자선 단체
keepbritaintidy.org

해양환경보존협회(Marine Conservation Society): 영국의 해양 보호 자선단체
mcsuk.org

자료를 구할 수 있는 곳

레스플라스틱(Less Plastic): 플라스틱 오염에 관한 훌륭한 포스터와 인포그래픽을 찾아볼 수 있어요.
lessplastic.co.uk

글로벌오션(Global Ocean): 이 기관의 활동, 포스터, 소책자를 다운로드해서 볼 수 있어요.
www.globalocean.org.uk/resources

세계 해양의 날(World Oceans Day): 세계 해양의 날을 기념하는 행사를 기획해서 전 세계적인 기념일에 동참하세요.
worldoceansday.org

와일드트라이브히어로즈(The Wild Tribe Heroes): 곤경에 빠진 바다동물들의 이야기를 읽어보세요.
wildtribeheroes.com

우리나라의 슈퍼영웅들을 알아보기

이 책을 쓴 마틴 도리는 영국인이에요. 그래서 책에는 영국 기준의 자료가 가득하지요. 그렇다면 우리나라에서는 어떤 활동을 펼치고 있을까요? 놀라지 마세요. 우리나라에도 플라스틱과 싸우며 해양 쓰레기를 줄이기 위해 노력하는 많은 슈퍼영웅이 있으니까요!

플라스틱과 싸우는 다른 영웅들을 만나자!

#NO플라스틱챌린지

마틴 도리가 #2분해변청소를 시작한 것처럼 우리나라에도 플라스틱을 없애자는 해시태그 운동이 이어지고 있어요. 바로 방송사 SBS의 소셜미디어(SNS) 뉴스 채널인 '비디오머그'의 #NO플라스틱챌린지 캠페인이지요. 한글로 #노플라스틱챌린지라고 쓰기도 한답니다. #NO플라스틱챌린지는 이름 그대로 일상에서 플라스틱을 쓰지 말자는 캠페인이에요. 비디오머그는 뉴스 채널과 SNS라는 특색을 이용해 플라스틱 쓰레기의 위험성을 담은 영상을 올리고, 다양한 플라스틱 재활용 방법을 소개하고 있어요. 또 김혜수, 정우성, 한지민 등 유명 연예인이 참여한 캠페인 영상을 차례로 올려 사람들이 흥미를 가지고 쉽게 접근할 수 있도록 독려하지요. 이 캠페인에 큰 백화점 직원들이 모두 참여하고 지자체에서 나서는 등 대규모 캠페인으로도 이어지고 있지요.

비디오머그에서 올린 캠페인 영상 중에는 독자들이 참여한 '노플라스틱' 실천기도 있답니다. 그야말로 평범한 슈퍼영웅들이에요!
영상을 찍거나 비디오머그에 연락하기 쑥스럽다면 인스타그램 등 SNS 태그로도 참여할 수 있어요. 내가 플라스틱 없이 살아가는 모습을 보여 주는 것만으로 사람들에게 영감을 줄 수 있답니다. 여러분도 캠페인에 참여해 플라스틱과 싸우는 슈퍼영웅의 능력을 제대로 보여 주세요! 플라스틱과 싸우는 새로운 해시태그를 만들어 주변에 전파하는 것도 방법일 거예요.

#NO플라스틱챌린지에 대한 자세한 내용은 홈페이지에서 확인하세요.
news.sbs.co.kr/news/videoMugList.do

함께 보면 좋은 사이트
환경운동연합 플라스틱 ZERO 캠페인 kfem.or.kr

우리나라의 해양 쓰레기 정보가 한눈에!
해양쓰레기통합정보시스템

우리나라에서도 플라스틱을 포함한 해양 쓰레기를 계속해서 관찰, 추적하고 있어요. 국가에서 운영하는 '해양쓰레기통합정보시스템'에서 현재 상태를 확인하고 대책을 고민해 볼 수 있지요.

매년 우리나라 바다로 들어오는 해양 쓰레기의 양은 약 17만 7,000톤에 이르러요. 이 가운데 67%는 육지에서 들어오지요. 특히 홍수 때 하천을 따라 흘러들어오는 양이 어마어마하답니다.

다행히 1년에 약 4만 톤의 쓰레기가 수거되고 있어요. 그중 가장 효과적인 방법이 바로 해변 청소예요. 수거량의 절반이 넘는 2만 7,000톤가량이 바로 해변 청소로 사라지니까요. 이 책을 읽는 슈퍼영웅 친구들이 도전할 수 있는 가장 쉬운 방법이 가장 효과적이라니 더 기쁘지 않나요? 그 외에도 물 위에 떠다니는 '부유쓰레기' 3,900톤, 해저로 가라앉은 '침적쓰레기' 1만 1,300톤 가량을 매년 건져 올리고 있어요.

하지만 이 수치를 보고 안심하기는 아직 일러요. 약 15만 2,000톤가량이 지금도 우리나라 바다에 머물러 있거든요. 게다가 그중 80%가 넘는 양이 바다 밑바닥에 가라앉아 있는 걸로 추정되고 있어요. 건져 올리지 않으면 물속을 떠다니며 해양생물들의 위장을 채우거나, 미세플라스틱이 되어 결국 우리 밥상까지 올라올 수 있는 무서운 쓰레기예요. 건져 올리기 위해서는 잠수부나 중장비가 동원되어야 하지요. 버리는 건 쉽지만 줍는 건 어마어마하게 어렵다는 이야기예요.

다행히 우리나라에서는 해양 쓰레기를 줄이기 위한 정책을 세우고 있어요. 2023년까지 해양 쓰레기 수거량을 20% 늘리고 현재 있는 쓰레기는 40% 줄이겠다는 목표에 맞춰 움직이고 있지요. 무엇보다 중요한 건 플라스틱과 맞서 싸우는 평범한 슈퍼영웅들이 늘어나서 애초에 플라스틱을 쓰지 않고 안 버리는 거예요. 지금까지 쌓인 쓰레기를 치우고 하루빨리 깨끗한 동해, 남해, 서해를 되찾을 수 있도록 슈퍼영웅 친구들도 함께 노력해 주세요!

더욱 자세한 우리나라 해양 쓰레기 현황은 홈페이지에서 확인하세요.
malic.or.kr

내가 버린 플라스틱의 재활용 과정을 알고 싶다면?
한국폐기물협회

오늘 버린 플라스틱 쓰레기는 어디로 갈까요? 한국폐기물협회 홈페이지에서 플라스틱 재활용 현황을 알아볼 수 있어요.
우리나라에서 버려지는 쓰레기, 즉 폐기물은 2017년 기준 하루에 41만 4,626톤이에요. 쓰레기를 가득 채운 1톤 트럭 42만 4,926대가 매일매일 전국을 누비고 있는 거예요. 이 가운데 대부분은 건설 현장이나 산업 현장에서 나오는 폐기물이고, 우리 슈퍼영웅들의 가족과 친구가 버리는 생활 폐기물은 약 5만 3,490톤 가량이에요. 전체에서 차지하는 비율은 적지만 우리나라 인구를 생각해 봤을 때 한 사람이 1kg씩은 버리고 있다는 이야기가 되지요. 4인 가족 기준으로 하루에 한집 당 4kg씩 음식물, 플라스틱, 종이, 포장재 등을 쏟아 내고 있는 거랍니다.
다행히 전체 폐기물 중 약 86%가 재활용되고 있어요. 플라스틱은 물론 음식물이나 목재, 타이어, 금속캔 등도 모두 알맞게 재활용되고 있지요. 소각하는 경우에도 불태울 때 나오는 열로 물을 끓이거나 데워서 다시 에너지원으로 쓰고 있답니다.

플라스틱 중에서도 특히 양이 많은 페트병의 경우 재활용을 위해 여러 단계의 공정을 거쳐요. 먼저 페트병을 모아서 금속, 종류가 다른 플라스틱, 그 외 병에 든 쓰레기를 제거해요. 색에 따라서도 나눈 다음 약품 세척 탱크에 넣어요. 상대적으로 무거운 페트병은 가라앉고 가벼운 라벨지(제품명이나 제품성분을 적어 붙인 부분)나 병뚜껑은 떠오르기 때문에 순수한 페트병만 골라낼 수 있지요. 이렇게 모은 페트병을 잘게 갈아서 '플레이크'를 만든답니다.

페트병 플레이크로 만들 수 있는 제품은 다양해요. 가벼운 주방용 용기나 푹신푹신한 충전재, 건축 단열재, 계란판, 옷걸이 등은 페트병을 재활용해 만들었을 가능성이 높아요. 놀랍게도 페트병 플레이크로 실도 뽑아내요! 이 실로 만든 옷이 월드컵 경기복에 쓰여서 화제가 되기도 했답니다.

페트병 플레이크 재활용 옷과 그냥 합성섬유 옷 중 골라야 한다면 무얼 선택해야 할지, 슈퍼영웅 친구들은 말 안 해도 잘 알겠죠?

플라스틱 폐기물의 더욱 자세한 재활용 방법은 홈페이지에서 확인하세요.
kwaste.or.kr

우리도 함께 바다 청소에 나서요
비치코밍

혹시 #2분해변청소 해시태그를 우리나라 인스타그램에서 발견할 수 없다고 낙담하는 슈퍼영웅 친구들이 있나요? 그럼 직접 나서면 돼요! 우리나라에도 대규모로 해변 청소를 하는 행사가 있거든요. 부산 해운대와 제주를 중심으로 매년 진행되고 있는 '바치코밍' 축제랍니다.

비치코밍은 해변을 뜻하는 비치(beach)와 빗질을 뜻하는 코밍(combing)의 합성어예요. 바다에 떠다니거나 해변에 늘어선 쓰레기를 주워 모으는 활동이지요.

해운대에서는 2018년부터 매년 1회씩 비치코밍 축제가 열려요. 제주에서는 여러 기간에 걸쳐서 부정기적으로 행사가 열리고 있지요. 그 밖에도 자신이 사는 곳과 가까운 바다 도시의 지방자치단체 홈페이지를 찾아보면 크고 작은 비치코밍 행사 시기를 알 수 있을 거예요.

만약 비치코밍 행사 시간과 자신의 일정이 맞지 않는다면, 친구나 가족과 함께 자신만의 비치코밍에 도전해 봐도 좋아요. 담임 선생님께 말씀드려 반 친구들 모두가 가까운 해변으로 비치코밍 소풍을 떠나는 건 어떨까요?

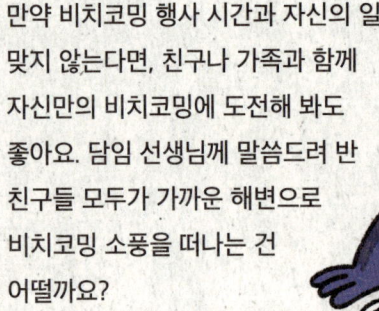

플라스틱 쓰레기 제대로 버리기

아무리 슈퍼영웅이라고 해도 플라스틱을 꼭 써야 할 때가 있어요. 일단 쓴 플라스틱은 재활용될 수 있도록 분리수거하는 것이 가장 영웅적인 행동이지요. 환경부에서 2018년에 배포한 '재활용품 분리배출 가이드라인'에 따라 쓰레기를 제대로 버려 보세요.

- 페트병은 물로 씻어 말린 뒤 부착상표를 떼고 배출하세요.
- 플라스틱 용기는 물로 씻어 말린 뒤 부착상표를 떼고 배출하세요. 비닐이나 종이 같은 다른 재질이 붙어 있을 경우 역시 제거해야 해요.
- '비닐류'라고 쓰여진 제품들도 모두 플라스틱의 일종이에요. 과자 봉지, 비닐 봉투, 음식물 포장재 등은 깨끗하게 씻어 말린 뒤 흩날리지 않도록 봉투에 모아 담아 배출하세요.
- 종이에 플라스틱이 섞인 포장재는 종량제 봉투에 넣어 버려야 해요.
- 이물질 제거가 되지 않거나 금속, 종이 등 다른 재질 물품이 뗄 수 없도록 부착된 플라스틱, 비닐 제품은 종량제 봉투에 담아 버려야 해요. 문구류, 옷걸이, 칫솔, 전화기, CD, 돗자리, 현수막, 천막 등이 이에 해당된답니다.

저자 마틴에 관하여

안녕하세요. 내가 마틴이에요. 나는 파도타기를 즐기는 서퍼이자 글을 쓰는 작가예요. 해변을 사랑하고, 플라스틱 반대 운동을 벌이고 있는 활동가이지요. 현재 영국 콘월의 바닷가 마을에서 리지와 함께 살고 있어요. 리지는 해초 박사라는 별명으로 잘 알려진 원예가이자 식물학자예요. 두 딸 매기와 샬로트는 우리 집에서 조금 떨어진 곳에서 혈통을 분명히 알 수 없는 중형견 밥과 함께 살고 있어요. 딸들은 가끔씩 나와 함께 해변을 청소하러 다니지요.

　나는 서핑보드를 아주 많이 가지고 있어요. 대형 캠핑카도 한 대 있고 해초 박사와 함께 진흙 경사로를 내려갈 때 즐겨 타는 자전거도 있어요. 좋아하는 것은 글쓰기, 캠핑, 깨끗한 해변, 두툼한 비스킷, 그리고 무엇보다도 내가 사랑하는 사람들과 함께 바닷가의 화창한 아침 햇살에 잠에서 깨는 거예요.

#2분해변청소에 관하여

#2분해변청소(#2minutebeachclean)는 여러 해 전에 시작된 환경 운동이에요. 그 당시 우리 마을 해변 한 구석이 플라스틱 병으로 뒤덮여 있는 것을 보고 아무 일이라도 해야겠다고 굳게 결심했지요.

2009년에 해변청소네트워크(The Beach Clean Network)을 조직하고, 2013년부터는 SNS에 #2분해변청소 해시태그를 달기 시작했어요. 기본 아이디어는 아주 간단해요. 해변에 갈 때마다 2분 동안 쓰레기를 줍고, 그 모습을 사진으로 찍어 SNS에 올리는 거예요. 그러면 다른 사람들이 그것을 보고 자극받아 똑같이 할 수 있답니다. 2014년 해변청소네트워크는 콘월 지역에 해변 청소함(Beach Clean Station)을 여덟 개 설치했어요. 덕분에 사람들이 해변에서 쓰레기를 줍는 일이 훨씬 수월해졌어요. 2019년 현재 500곳 이상에 해변 청소함이 설치되어 있어요. 특히 학교에 설치된 것은 아주 많이 사용되고 있답니다.

#2분해변청소 운동은 이제 #2분해법(#2minutesolution)은 물론이고 #2분쓰레기줍기(#2minutelitterpick)와 #2분거리청소(#2minutestreetclean)로 발전했어요. 소셜미디어를 통해 우리는 수천 명의 팔로워가 해변을 청소하고, 동네 도로변에 버려진 쓰레기를 줍고, 플라스틱을 멀리하는 소비 습관을 추구하면서 매일 플라스틱과 싸우고 있는 모습을 목격하고 있지요. 내가 여러분에게 부탁하고 싶은 것은 이 책을 다 읽은 후에도 계속해서 하루에 2분씩 시간 내어 쓰레기를 줍고, 생활 속에서 플라스틱을 줄여 나가면서 변화를 만들어 가는 거예요. 그렇게 대단한 일처럼 보이지 않을지 모르지만 다른 사람들의 노력과 결합된다면 분명 큰 변화를 일으킬 수 있을 거예요.

2019년 해변청소네트워크는 2분재단(The 2 Minute Foundation)이라는 새로운 이름의 자선단체로 거듭날 예정이랍니다.

더 자세한 것은 www.beachclea.net에서 확인할 수 있어요.

옮긴이 허성심

제주대학교 수학교육과를 졸업하고, 같은 학교 통번역대학원에서 석사 학위와 영문과 박사 학위를 받았어요. 제주대학교 통번역센터 연구원과 통번역대학원 통역 강사로 있었고, 지금은 대학에서 영어를 가르치고 있으며 글밥아카데미 수료 후 바른번역 소속 번역가로 활동하고 있지요. 옮긴 책으로 〈심심할 때 우주 한 조각〉, 〈어떻게 최고를 이끌어낼 것인가〉, 〈미래의 교육을 설계한다〉, 〈수학으로 이해하는 암호의 원리〉, 〈단테의 인생〉, 〈차원이 다른 수학〉, 〈놀면서 크는 우리 아이 수학력〉 등이 있어요.

도전 플라스틱

초판 1쇄 2025년 3월 27일

지은이 마틴 도리
그린이 팀 웨슨
옮긴이 허성심

펴낸이 김한청
기획편집 원경은 차언조 양선화 양희우 유자영
마케팅 정원식 이진범
디자인 이성아 황보유진
운영 설채린

펴낸곳 도서출판 다른
출판등록 2004년 9월 2일 제2013-000194호
주소 서울시 마포구 동교로 27길 3-10 희경빌딩 4층
전화 02-3143-6478 팩스 02-3143-6479 이메일 khc15968@hanmail.net
블로그 blog.naver.com/darun_pub 인스타그램 @darunpublishers

ISBN 979-11-5633-671-6 73400

* 잘못 만들어진 책은 구입하신 곳에서 바꿔 드립니다.
* 이 책은 저작권법에 의해 보호를 받는 저작물이므로, 서면을 통한 출판권자의 허락 없이 내용의 전부 또는 일부를 사용할 수 없습니다.

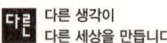
다른 생각이
다른 세상을 만듭니다

 어린이제품 안전특별법에 의한 기타 표시사항
제품명 도서 | 제조자명 도서출판 다른
주소 서울시 마포구 동교로27길 3-10 희경빌딩 4층
제조년월 2025년 3월 27일 | 제조국 대한민국 | 사용연령 8세 이상 어린이 제품
주의사항 책 모서리로 인한 찍힘 또는 종이에 의한 베임에 주의하세요.